“十三五”国家重点出版物出版规划项目

常见螽斯蟋蟀
野外识别手册

何祝清 著

重庆大学出版社

图书在版编目（CIP）数据

常见螽斯蟋蟀野外识别手册/何祝清著. -- 重庆：重庆大学出版社，2020.12（2022.8重印）
（好奇心书系·野外识别手册）
ISBN 978-7-5689-2526-6

Ⅰ. ①常… Ⅱ. ①何… Ⅲ. ①蟋蟀—识别—手册 Ⅳ. ①Q969.26-62

中国版本图书馆CIP数据核字（2020）第256602号

常见螽斯蟋蟀野外识别手册

何祝清 著

策划：鹿角文化工作室

责任编辑：梁 涛 版式设计：周 娟 刘 玲 何欢欢
责任校对：刘志刚 责任印制：赵 晟

*

重庆大学出版社出版发行
出版人：饶帮华
社址：重庆市沙坪坝区大学城西路21号
邮编：401331
电话：(023) 88617190 88617185
传真：(023) 88617186 88617166
网址：http://www.cqup.com.cn
邮箱：fxk@cqup.com.cn（营销中心）
全国新华书店经销
重庆长虹印务有限公司印刷

*

开本：787mm×1092mm 1/32 印张：7.25 字数：216千
2020年12月第1版 2022年8月第3次印刷
ISBN 978-7-5689-2526-6 定价：45.00元

Foreword 前言

螽斯和蟋蟀是人们较为熟悉的一类昆虫，它们不但形态多样，而且能够发出各种不同的鸣声。古人对这些昆虫的认识是很早的。《诗经 · 豳风 · 七月》写道：七月在野，八月在宇，九月在户，十月蟋蟀，入我床下。《诗经 · 唐风 · 蟋蟀》写道：蟋蟀在堂，岁聿其莫。《诗经 · 国风 · 周南 · 螽斯》写道：螽斯羽，诜诜兮。至唐朝时期，宫女开始饲养螽斯和蟋蟀，以解思乡之愁。这一饲养的乐趣逐渐传至民间，鸣虫文化也成了中国的传统文化之一。鸣虫文化传至现代并未中断，现在各大城市均有鸣虫出售，尤其在夏秋两季，蝈蝈、大黄蛉、油葫芦等均是受大家喜爱的鸣虫。正因为如此，中国拥有全世界人数众多的鸣虫爱好者，螽斯和蟋蟀尤其受到普通老百姓的关注。然而，相关分类的专业文献大多没有彩图，只是褪色的干标本，描述语言又过于专业，且大多使用英文记述，使得不少种类都无中文名，阻碍了交流和科普工作的开展。另外，有人根据网络资料而以讹传讹，导致个别物种被叫错了很多年。

本书记载了中国常见的螽斯和蟋蟀 200 余种，涵盖了大部分的属级阶元，摒弃了专业分类所涉及的雄性外生殖器特征，采用了生态照片，栩栩如生地展现了该类昆虫的本色，使普通的昆虫爱好者及其他从事科普教育的工作者能够分辨这些种类。希望本书的出版能够为我国鸣虫文化的传承尽微薄之力，尤其希望青少年能够通过本书了解我国鸣虫的多样性，并将这一传统文化发扬光大。

种类如此繁多的鸣虫，凭我一人之力无法完成。在编写的工作中，得到了王瀚强、胡佳耀、汤亮、宋晓斌、余之舟、张韬、张巍巍、刘建协的支持，他们为本书提供了精美的图片；感谢王瀚强、秦艳艳对部分属种的鉴定；感谢宋晓彬提供蚁蟋生物学方面的资料。此外，感谢朱笑愚、金晨彦、龚璞、

王俊常年对我工作的支持以及野外采集时的陪伴。特别要感谢王洁静陪我走南闯北，他高超的鸣虫捕捉技巧让我由衷敬佩。感谢刘宪伟老师对本书的校对。感谢李恺老师一直以来对我工作和学习上的帮助。

最后，感谢父母对我从小的教育，为我提供了一个宽松的环境，能让我饲养各种感兴趣的动物，从小猫、小兔、小鸡、小鸭、娇凤、巴西龟、金鱼、热带鱼到蝌蚪、小龙虾、蜗牛、蜘蛛、蝈蝈、蟋蟀、草蛉、蚕宝宝等，培养了我对自然的热爱，并走上了科研的道路。感谢爱人照顾两个小孩，以及对我的宽容和支持，使我有足够的时间用于研究以及本书的写作。

何祝清

2020 年 3 月 2 日于上海

目录 CONTENTS

KATYDIDS AND CRICKETS

入门知识（1）
什么是螽斯和蟋蟀（2）
螽斯的分类系统（5）
蟋蟀的分类系统（7）
发育（12）
行为（13）
生活史（19）
生活环境（20）
采集（23）
饲养、拍摄及录制鸣声（26）
物种命名（28）

种类识别（29）

蟋螽科（30）
梅氏杆蟋螽（31）
谦恭姬蟋螽（32）
优蟋螽（33）
眼斑蟋螽（34）
球蜡蟋螽（35）
婆蟋螽（36）
饰蟋螽（37）
宽额瀛蟋螽（38）
十点杆蟋螽（39）
红背烟蟋螽（40）

驼螽科（41）
海南华驼螽（42）
庭疾灶螽（43）
华南突灶螽（43）
直凹突灶螽（44）
内陆疾灶螽（45）
巨疾灶螽（45）

哑螽科（46）
暗色翼糜螽（47）
乌糜螽（47）

螽斯科（48）
螽斯亚科（50）
中华薮螽（51）
优雅蝈螽（51）
暗褐蝈螽（52）
布氏寰螽（53）
大寰螽（54）
中寰螽（55）
江苏寰螽（56）
黄氏蒙螽（57）
乌苏里拟寰螽（58）
长镜亚寰螽（59）
初姬螽（60）
叶氏优岩螽（61）

织螽亚科（62）
宽翅纺织娘（63）
窄翅纺织娘（64）
露螽亚科（65）
露螽（66）
桑螽（67）
普通条螽（68）
周氏安螽（69）
掩耳螽（70）
中华半掩耳螽（71）
歧尾鼓鸣螽（72）
细齿平背螽（73）
黑角平背螽（74）
凸翅糙颈螽（75）
截叶糙颈螽（76）
海南麻螽（77）
黑刺直缘螽（78）
绿螽 & 华绿螽（79）
奇螽（80）
赤褐环螽（81）
端尖斜缘螽（81）
叶状重螽（82）
淑珍细颈螽（82）
若华卒螽（83）
拟叶螽亚科（84）
翡螽（85）
巨拟叶螽（86）
布鲁纳翠螽（87）
贯脉菱螽（88）
丽叶螽（89）
纯清肘隆螽（90）
覆翅螽（91）
黄斑珊螽（92）
脊螽（93）
鼓叶螽（94）
绣色彩螽（95）
蛩螽亚科（96）
阿里山泰雅螽（97）
巨叉大畸螽（98）
比尔拟库螽（99）
斑腿栖螽（100）
陈氏戈螽（100）
显凹简栖螽（101）
铃木库螽（102）
心形华穹螽（103）
原栖螽（104）
硕螽亚科（105）
横突棘颈螽（106）
腾格里懒螽（107）
草螽亚科（108）
悦鸣草螽（109）
长瓣草螽（110）
斑翅草螽（111）
湿地草螽（112）
背齿草螽（113）
二齿草螽（114）
梁氏草螽（115）

目 录

CONTENTS

大草螽（116）
比尔锥尾螽（117）
蓝锥尾螽（118）
鼻优草螽（119）
光额螽（120）
粗头拟茅螽（121）
黑胫钩额螽（122）
小锥头螽（123）
古猛螽（124）
拟辅螽（125）
缺翅螽（126）
蒙面螽（127）
禾螽（128）
刺顶螽（129）

似织螽亚科（130）

山地似织螽（131）
极膨似织螽（132）
褐足似织螽（133）

稚螽亚科（134）

海南稚螽（135）

蝼蛄科（136）

东方蝼蛄（137）

蛛蟋科（138）

普通奥蟋（139）
锤须奥蟋（140）
双痣奥蟋（141）
金奥蟋（142）
多毛奥蟋（143）
熊猫奥蟋（144）

蚁蟋科（145）

蚁蟋（145）

蟋蟀科（146）

蟋蟀亚科（148）

中华斗蟋（150）
丽斗蟋（151）
长颚斗蟋（152）
黄脸油葫芦（153）
黑脸油葫芦（154）
南方油葫芦（155）
北方油葫芦（156）
污褐油葫芦（157）
花生大蟋（158）
大棺头蟋（159）
小棺头蟋（160）
垂角棺头蟋（161）
刻点哑蟋（162）
长翅姬蟋（163）
南方姬蟋（164）
南方素蟋（165）
刻点铁蟋（166）
小蟋（167）
沥色南蟋（168）
双斑蟋（169）

沙漠黑蟋（170）
红背特蟋（171）
灶蟋（172）
小音蟋（173）

兰蟋亚科(174)
普通幽兰蟋（175）
黑曜幽兰蟋（176）

额蟋亚科(177)
宽膜额蟋（178）
小额蟋（179）
褐拟额蟋（180）

距蟋亚科(181)
长须蟋（182）
片蟋（183）
平背叶蟋（184）
双色扩胫蟋（185）
尖角茨尾蟋（186）
啼蟋（187）
大隐蟋（188）
五彩蟋（189）

纤蟋亚科(190)
长额蟋（191）
贝蟋（192）

长蟋亚科(193)
长蟋（194）

蛣蟋亚科(195)
云斑金蟋（196）
弯脉蟋（197）

树蟋亚科(198)
青树蟋（199）
长瓣树蟋（200）
相似树蟋（201）
丽树蟋（202）

蛛蟋科(203)
比尔亮蟋（204）
三脉戈蟋（205）
钟蟋（206）

蛉蟋科(207)

针蟋亚科(208)
斑腿双针蟋（209）
斑翅灰针蟋（210）
黄角灰针蟋（211）
异针蟋（212）

蛉蟋亚科(213)
墨蛉（214）
小黄蛉（215）
中黄蛉（216）
大黄蛉（217）
聋蛉蟋（218）
黄褐突蛉（219）
花蛉（220）
虎甲蛉蟋（221）

主要参考文献(222)

入门知识

Introduction

·什么是螽斯和蟋蟀·

螽斯和蟋蟀在分类学上都属于直翅目昆虫。直翅目是一类非常繁盛且种类繁多的昆虫类群，全世界有 28 691 种（截至 2020 年 8 月 22 日），主要包括蝗虫、螽斯和蟋蟀。三者的区分方法是：先看触角，一般蝗虫触角较短，不会超过体长的一半，后足强健，复眼发达，一遇到天敌能够又飞又蹦地快速逃走。其中有最著名的飞蝗，也就是会造成蝗灾的种类。此外，常见的种类还包括负蝗、剑角蝗、外斑腿蝗、疣蝗、稻蝗等。

负蝗

剑角蝗（汤亮 摄）

● 外斑腿蝗

● 疣蝗（胡佳耀 摄）

● 稻蝗

触角一般近似于体长或超过体长的，则属于螽斯或蟋蟀。螽斯的跗节为 4 节，尾须大多粗短；蟋蟀的跗节为 3 节，尾须大多长且直。螽斯的前翅一般如同屋脊状隆起在背上，而蟋蟀的翅膀则平放在背上。螽斯均是左翅在上、右翅在下，而蟋蟀大部分是右翅在上，但也有些类群（如奥蟋、幽兰蟋等）的左右翅是随机摆放的。

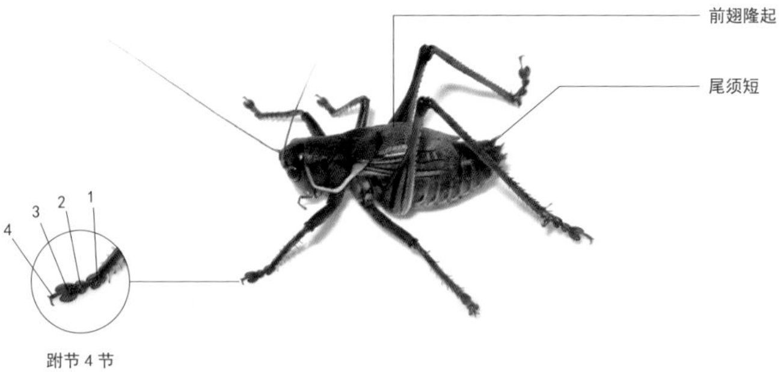

前翅隆起
尾须短
4 3 2 1
跗节 4 节

翅膀平放
尾须长
3 2 1
跗节 3 节

● 螽斯与蟋蟀的区别示意图

·螽斯的分类系统·

螽斯类昆虫在中国包含蟋螽科、驼螽科、哑螽科、鸣螽科、裂跗螽科、螽斯科。螽斯科是最大的类群，又分为螽斯、织螽、露螽、拟叶螽、蛩螽、硕螽、草螽、似织螽、稚螽 9 个亚科。螽斯亚科体型较大，足上长有刺，多为肉食性。织螽亚科体型也较大，但前足无刺。露螽亚科的后翅一般比较长，超过前翅，露在前翅外，故名。拟叶螽亚科头小而尖，前翅发达，能盖住腹部甚至后足，跳跃能力不强，一般趴在大叶子上或粗树干上，采用拟态避敌的策略。蛩螽亚科个体很小，前足有刺，会捕捉猎物，鸣叫声也小，或者发出超声，人耳不易听见。硕螽亚科生活在干旱地区，后足退化，一般爬行，雌雄前翅隐藏在前胸背板下，均能鸣叫。草螽亚科一般栖息在禾本科植物上，一般口器向后。似织螽亚科国内主要为似织螽一属，外形与织螽亚科相似，但个体小，足上有刺。稚螽亚科个体较小，头部相对很大，具有发达的复眼，主动捕食猎物。

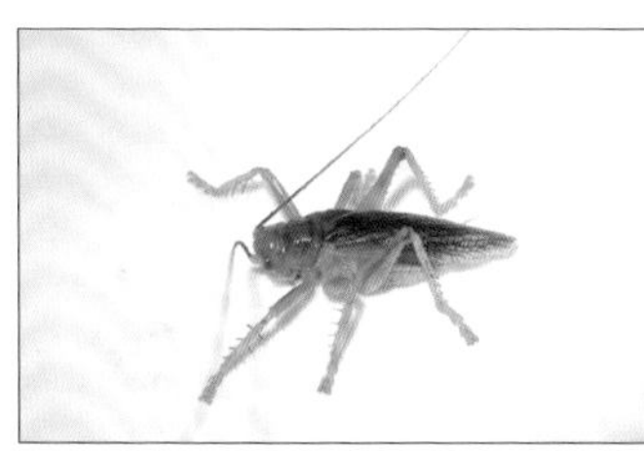

● 蟋螽科 Gryllacrididae

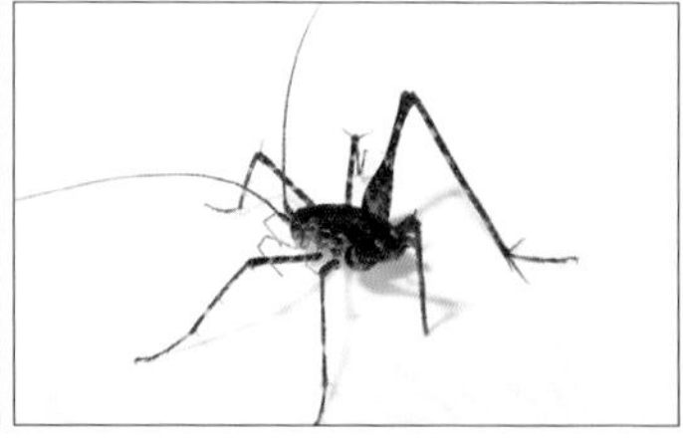

● 驼螽科 Rhaphidophoridae

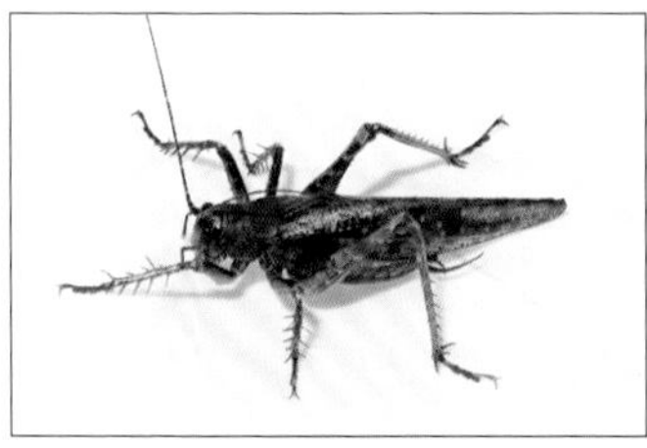

● 哑螽科 Anostostomatidae

● 螽斯亚科 Tettigoniinae

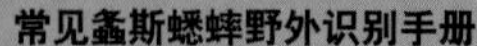

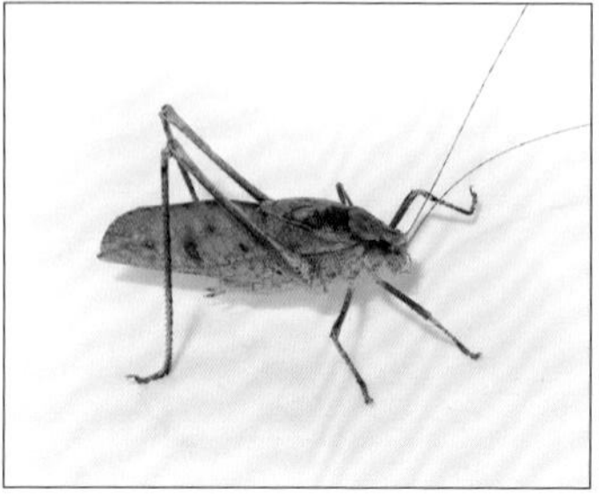
织螽亚科 Mecopodinae

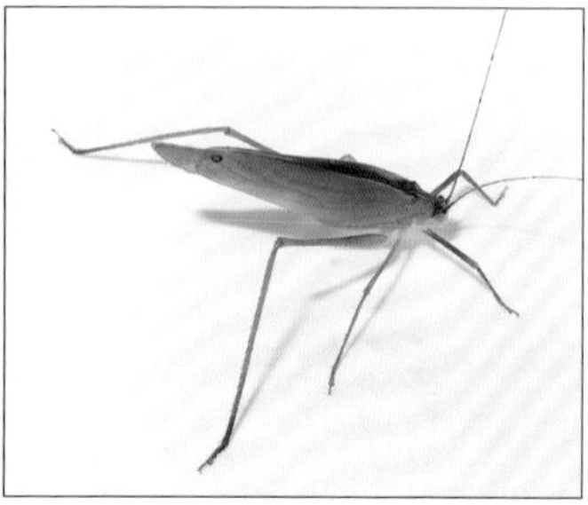

露螽亚科 Phaneropterinae

拟叶螽亚科 Pseudophyllinae

蛩螽亚科 Meconematinae

硕螽亚科 Bradyporinae

草螽亚科 Conocephalinae

● 似织螽亚科 Hexacentrinae

● 稚螽亚科 Lipotactinae

·蟋蟀的分类系统·

在中国，蟋蟀总科包含蚁蟋科、蝼蛄科、鳞蟋科、蟋蟀科、蛛蟋科、蛉蟋科。蚁蟋科寄生于蚂蚁的巢穴，个体有时比蚂蚁还小，复眼退化，无翅。蝼蛄科触角很短，身体长筒状，通过像铲子一样的前足挖洞，生活在地下，雄虫会鸣叫，雌虫无产卵器。鳞蟋科个体较小，全身覆盖有细小的鳞片，主要包括奥蟋属。蟋蟀科在我国包括蟋蟀、额蟋、兰蟋、距蟋、纤蟋、长蟋、蛣蟋、树蟋8个亚科。蟋蟀亚科是最典型的蟋蟀，头部饱满，和前胸等宽，后足发达，善

于跳跃和鸣叫。额蟋亚科的头部较小，翅膀发达，且向后端逐渐变宽。兰蟋亚科也称树皮蟋蟀，一般栖息在树皮缝隙中，前翅由于要在狭小的空间内摩擦发音，所以很短。距蟋亚科头小而前翅大，类似额蟋，但一般前翅前后等宽。纤蟋亚科身体纤弱，一般为黄棕色，腹部狭长，前翅不能发音，取食禾本科植物。长蟋亚科体小而前翅狭长，不能发音。蛞蟋亚科在我国主要包括金蟋和弯脉蟋，行动敏捷，触角长。树蟋亚科头部狭长，口器向前，身体纤弱。蛛蟋科包括亮蟋和扩胸蟋 2 个亚科。亮蟋亚科前翅尤其宽大，一般生活在溪流边，大多叫声优美。扩胸蟋亚科头小而翅宽，后足跳跃能力较弱，鸣声优美。蛉蟋科包括针蟋和蛉蟋 2 个亚科。针蟋亚科是一类体长小于 1 cm 的蟋蟀，在地面活动。蛉蟋亚科也是一类体长为 1 cm 左右的蟋蟀，但在植物表面活动。

鳞蟋科 Mogoplistidae

蚁蟋科 Myrmecophilidae

蝼蛄科 Gryllotalpidae

● 蟋蟀亚科 Gryllinae

● 额蟋亚科 Itarinae

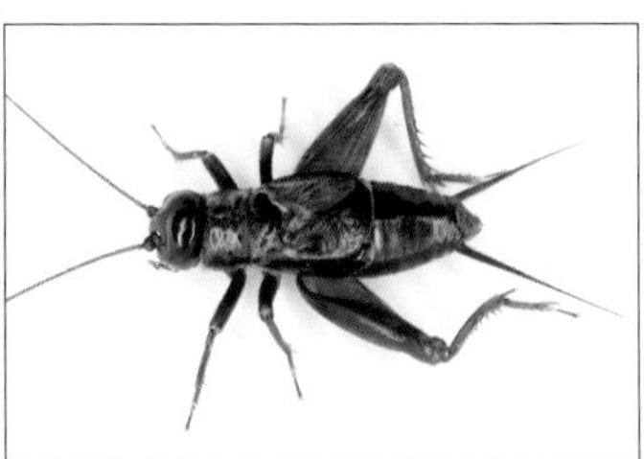

● 兰蟋亚科 Landrevinae

● 距蟋亚科 Podoscirtinae

● 纤蟋亚科 Euscyrtinae

长蟋亚科 Pentacentrinae

蛞蟋亚科 Eneopterinae

树蟋亚科 Oecanthinae

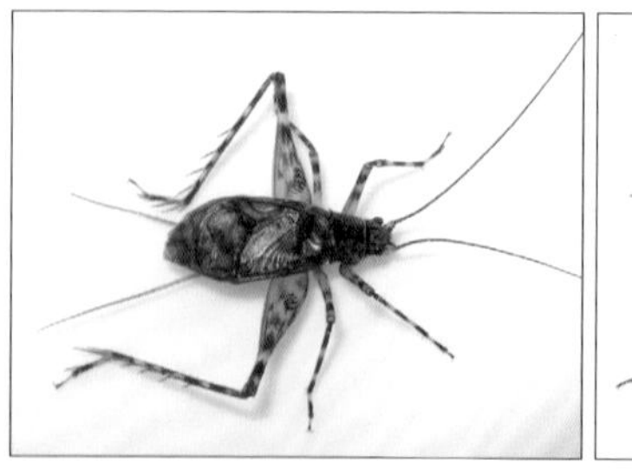

亮蟋亚科 Phaloriinae

扩胸蟋亚科 Cachoplistinae

● 针蟋亚科 Nemobiinae

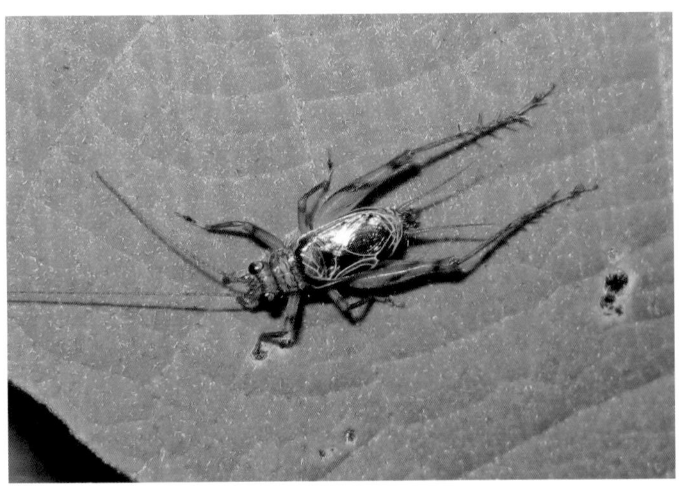

● 蛉蟋亚科 Trigonidiinae

·发育·

螽斯和蟋蟀的发育分为卵、若虫、成虫三个阶段。卵是发育阶段的起点，一般呈长椭圆形，也有部分螽斯卵是椭圆薄片状。卵的持续发育需要氧气及水分。初生的卵是均色的，随着发育的进行，在一端出现了 1 对黑色眼点，余下部分也会逐渐出现横条纹，这表明快孵化了。从卵里孵化出来的幼虫蛆型，头顶圆锥形，六足紧紧贴在身体上，它们像蚯蚓一样蠕动，不但是为了钻出卵壳，更是为了离开卵外面的狭小环境（通常是土壤或植物组织）。当它到达相对开阔的环境时，立刻进行一次蜕皮。蜕皮后的若虫被称为 1 龄若虫，一般外形与成虫相差无几，只是没有翅膀。与人类的生长不同，若虫需要通过蜕皮才能长大，每蜕皮一次，若虫就大一龄。最后一次蜕皮称为羽化，羽化后的虫体称为成虫，不再蜕皮，并进入繁殖阶段。会鸣叫的种类也只有在羽化后才具有发音翅，生殖细胞完全成熟，可以鸣叫、交配、产卵。

织螽产卵

幽兰蟋羽化

薮螽羽化

·行为·

大部分螽斯和蟋蟀会通过摩擦前翅发声，螽斯左翅在上，而蟋蟀大部分右翅在上。鸣叫是雄虫才有的行为（硕螽和露螽雌虫也会鸣叫），为的是求偶和宣告地盘。雌虫前足胫节上具听器，可以听到雄虫的求偶声，通过雄虫的歌声，挑选自己的“如意郎君”。当交配时，雄虫将精子包裹在一个白色的精荚内，

似织螽鸣叫

精荚上有根导管，交配后精荚挂在雌虫腹部末端，通过导管将精细胞送至雌虫的受精囊。根据种类的不同，雄虫在交配时还会在后胸背板、后足、精荚外分泌特殊营养物质，一方面在雌虫取食时增加交配时间，另一方面也为雌虫补充营养，产下更多的后代。雌虫在交配后会寻找合适的地方产卵，一般细而直的产卵器将卵产在土中，而弯刀状的产卵器产卵在植物组织或树皮下。

● 纤蟋交配

● 树蟋交配

雌灶螽携带精荚

特殊行为：

蟋螽吐丝：蟋螽可以吐丝，与蜘蛛用丝捕捉猎物不同，蟋螽是用丝黏合树叶等，将自己裹在里面休息。

蟋螽吐丝做巢（张韬 摄）

蟋蟀打斗：斗蟋，顾名思义特别好斗，它们为了争夺地盘和交配权，相互间往往会大打出手，甚至出现死亡。

蟋蟀打斗（汤亮 摄）

蝼蛄挖洞：蝼蛄的前足像一把小铲子，可以轻松地挖掘土壤，在地下建起四通八达的隧道。平时多在隧道中取食植物的根茎。

蚁蟋共生：蚁蟋是一类与蚂蚁共生或寄生的特殊蟋蟀，由于周身会分泌特殊气味，蚂蚁还以为它是同类。有些蚁蟋只是生活在蚁巢中取食食物残渣，但也有些蚁蟋会模仿幼虫，让蚂蚁喂养它。

蝼蛄挖洞

蚁蟋共生（宋晓斌 摄）

拟叶螽威吓：拟叶螽在遇到天敌时，会摩擦翅膀发出巨大的声响，或者张开翅膀，威吓天敌。

● 拟叶螽威吓

覆翅螽的分泌物：覆翅螽的胸部两侧可以分泌黄色液体，具有特殊的气味，天敌往往避而远之。

螽斯拟态：不少螽斯会模拟树干、树枝或树叶的形状，从而达到隐藏自己的目的。

覆翅螽的分泌物

螽斯拟态

·生活史·

生活在热带或亚热带地区的螽斯和蟋蟀全年繁殖，卵会在 2 ~ 3 周孵化，“两代同堂”的情况很常见。随着纬度的上升，冬季的严寒会抑制它们活动，大部分以若虫或成虫形态过冬。当纬度更高、冬季更漫长时，大部分以卵的形态过冬。一年只有一代，生活史十分稳定，只在每年特定的时间羽化，如此往复，周而复始。人们可以通过一些特定种类的鸣叫判断季节的变化。我国大部分地区处于温带及亚热带，螽斯多为一年一代，一般秋季成虫。蟋蟀在温带地区羽化也多出现在秋季，而在亚热带地区，除秋季外，4—5 月也是很多种类另一个集体羽化的时间段。

钟蟋鸣叫

朽木中的幽兰蟋卵

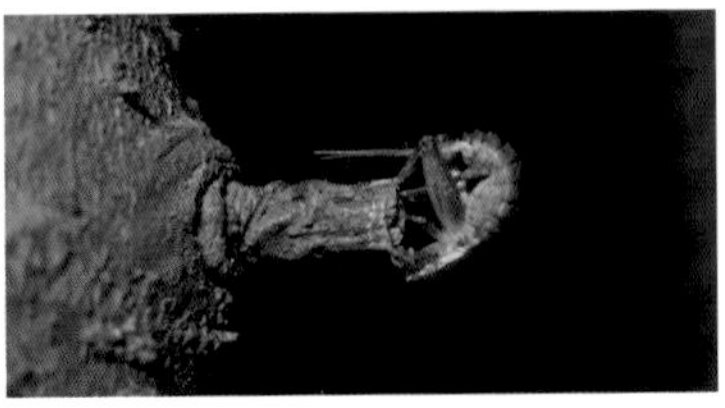

奥蟋产卵

·生活环境·

除了水中和极寒地区，不同种类的螽斯和蟋蟀在各种生境均有分布。

森林：具有茂密的高大乔木，树种多样性高，灌木稀疏，地面几乎无草本植物。该环境下的落叶层中常常分布有多种蟋蟀，螽斯则分布在中高层的乔木上，不易捕捉。

林缘：森林与草原的交界处，或是横贯森林的公路环境。该环境下的物种多样性高，各种植物上和地面上均有螽斯与蟋蟀栖息。

草地：禾本科植物为主的环境，草螽、纤蟋较常见。

河边：亮蟋等对湿度要求高，特别是若虫时期仅分布在河边的石块上。

荒漠戈壁：植被稀疏，多岩石、沙土，硕螽仅分布在这种环境，也会有螽斯亚科的种类。

农田和城市绿化带：人为干扰大，植被以农作物为主，螽斯和蟋蟀种类较少，但易于捕捉。

森林

● 林缘（胡佳耀 摄）

● 草地

● 河边（胡佳耀 摄）

荒漠戈壁

农田和城市绿化带（胡佳耀 摄）

·采集·

科学地采集昆虫是为了更好地研究它们。大多数昆虫学家认为，采集昆虫不会对其种群造成影响，相反，栖息地的破坏可能会对昆虫种群的延续造成致命影响。

听叫法：该方法仅适用于雄虫。听见鸣叫声后，慢慢靠近，不可操之过急，否则它们受到惊吓会长时间不叫，难觅其踪。一般来说，地栖型蟋蟀在落叶、土缝、石块之下；树栖型螽斯、蟋蟀在茎干上，或叶片的正反面。

灯诱法：该方法适用于具有飞行能力的螽斯与蟋蟀。在野外空旷的平台上布置一盏高压汞灯，在垂直方向拉一块白布。由于它们夜晚具有趋光性，会飞至灯的周围，往往会停留在白布上。用此种方法采集较为省力，但也需要不时地检查白布以及周围的地面是否有停留的个体，因为部分种类为弱趋光性，不会飞得过近。不会飞的类群有时也会慢慢爬向灯源，可一并采集。

扫网法：该方法适用于栖息在草或叶片上的种类。这些种类或者个体较小，或者不会鸣叫，采集费时费力。因此可采用一个大口径的扫网，向其可能栖息的植物叶片上反复扫之，它们受到惊吓后可能蹦跳落入网中。这种方法可能会对其造成一定程度的损伤。

敲树[illegible]息在乔木上的种类。由于树干较粗，不能使用扫网，因此[illegible]用力摇晃树枝主干，它们受到惊吓后，往往向下跳入网[illegible]

搜寻[illegible]螽斯与蟋蟀的踪迹，只能通过翻石头寻找少数的蟋蟀种[illegible]使用灯诱法外，还可用手电筒作辅助，地毯式搜寻各种植被环境，这是捕捉各个种类的最有效方法。

● 听叫法发现油葫芦在落叶下

● 听叫法发现斑腿双针蟋在石块下

● 扫网法采集

● 敲树法采集

● 树上的蟋螽被震落在伞中

灯诱法采集

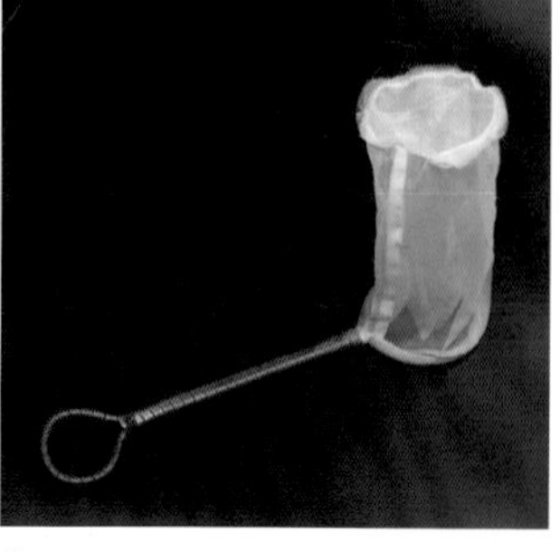
专用的采集小网（龚璞 摄）

·饲养、拍摄及录制鸣声·

螽斯一般为树栖型昆虫，需要提供一个立体的空间，高度一般是体长的两倍，它们才能顺利蜕皮，同时还需要挂网或树枝等攀附物。容器要有孔，便于透气。食物根据种类的不同而不同，一般煮熟的米饭、白菜、鸟饲料等都是不错的选择，同时也需要提供水源。

蟋蟀一般栖息在地面，用此类容器饲养

螽斯需要高的容器，容器边上还需要攀附物

野外拍摄鸣虫

树栖型蟋蟀饲养方法同螽斯。地栖型蟋蟀可用纸巾或棉花塞住水管口，倒插在饲养盒内，盒底撒上足够的饲料，即便长时间不换食，饲料也不会发霉。

人工饲养条件下，鸣虫一般都能像野外一样健康成长。成虫后鸣叫声音与野外无异，可用录音笔记录。同野外相比，室内无杂音，录音效果更好。

野外发现鸣虫，在拍摄生态照的同时，也应了解其寄主植物、生活环境、行为状态等。带回室内后，可用白色大碗作纯背景拍摄。应选择具有微距功能的相机，否则鸣虫较小，不易拍摄清楚。

带回室内后，使用白色大碗作纯背景拍摄

·物种命名·

所有的生物都有唯一的名字，称为拉丁名。不同种类的拉丁名不同，一个拉丁名对应一个物种，两者是一一对应的关系。拉丁名由 26 个字母组成，分为属名和种名，属名首字母大写，其余小写，种名全部小写。同时，属名和种名还要采用斜体。未能识别到种的，采用属名加上“sp.”表示，两种或以上的采用“spp.”表示。属上面依次有科、目、纲、门、界的分类阶元，这就好比是上海、中国、亚洲依次增大的关系。两个同科的物种，一般外形近似，生活习性也差不多，同属的物种就更像了，有时甚至难以区分。

一个物种被正式发表的时候，均是以拉丁名作为物种学名，除变换属或种名词性外，一般不可改变。除了学名外，其他所有的名称均为俗名，包括中文名，是可变更的。例如，康乐等在早期将露螽亚科称为树螽亚科，而夏凯龄等将拟叶螽亚科称为树螽亚科。马丽滨等所指的南方油葫芦 *Teleogryllus mitratus*，早期被王音等称为北京油葫芦。诸如此类不胜枚举。昆虫之中，除了螽斯与蟋蟀所在的直翅目外，较受关注的蝴蝶类群，其中文名也是经历了各种变化，最后由周尧重新拟定，种名既可读出所在的科与属，又包含了有别于其他种的含义，后人在为蝴蝶命名时都以之为准绳。

因此，本书尽可能在区分不同类群特征的前提下，为部分种属重新拟定了中文名，方便读者能够更便捷地记住它们的特征。具体准则如下：

音译的名称替换：凯纳奥蟋改为普通奥蟋；迷卡斗蟋改为中华斗蟋；多伊棺头蟋改为大棺头蟋；维蟋改为彩蟋。

种名采用地名，而实际分布却超出所在国家、省份、地区的替换：日本纺织娘改为宽翅纺织娘；日本条螽改为普通条螽；日本绿螽改为普通绿螽；台湾奥蟋改为金奥蟋；银川油葫芦改为北方油葫芦；香港幽兰蟋改为普通幽兰蟋。

表达更优化的：螽斯属改为薮螽属；迟螽改为稚螽；双斑奥蟋改为双痣奥蟋；石首棺头蟋改为小棺头蟋；尖角棺头蟋改为垂角棺头蟋；松蛉蟋改为小蟋。

种类识别

Species Accounts

蟋螽科 Gryllacrididae

体型根据 20 mm 以下，20 ~ 30 mm，30 mm 以上分为小、中、大 3 类。有前翅但无发音器官，也有无翅的种类。夜间在乔木或灌木上活动，使用很长的触角搜寻猎物（食物为其他昆虫）。口器可以吐丝，白天躲在用丝缝合的树叶之中。若虫是在巢穴内完成蜕皮的，而羽化为有翅成虫时，是在巢穴外完成的。

同蟋螽 雌虫 浙江 天童山 2008 年 8 月

梅氏杆蟋螽 *Phryganogryllacris mellii*

体长 18 ~ 20 mm 的小型蟋螽。体色黄色，头顶及前胸背板具黑色斑纹，但斑纹多变，从具两块大黑斑至完全消失的个体均有发现。雌虫产卵器长 11 ~ 13 mm。分布于广东、广西、湖南、浙江等地。

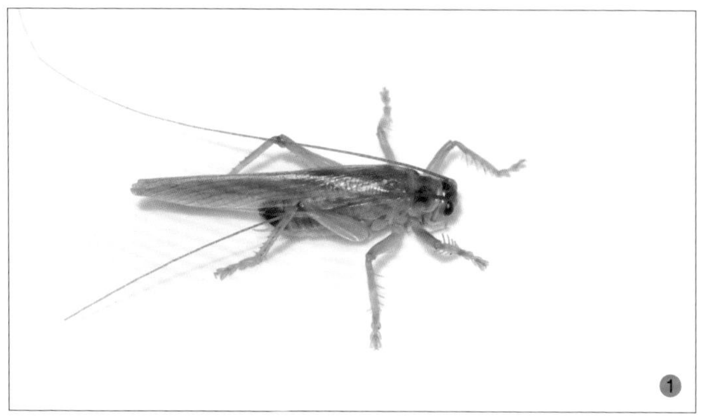

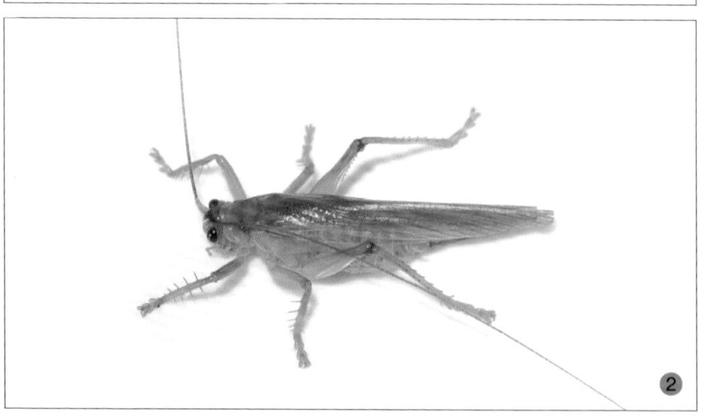

① 雄虫 浙江 天童山 2017 年 7 月 ② 雌虫 浙江 天童山 2017 年 7 月

谦恭姬蟋螽 *Metriogryllacris permodesta*

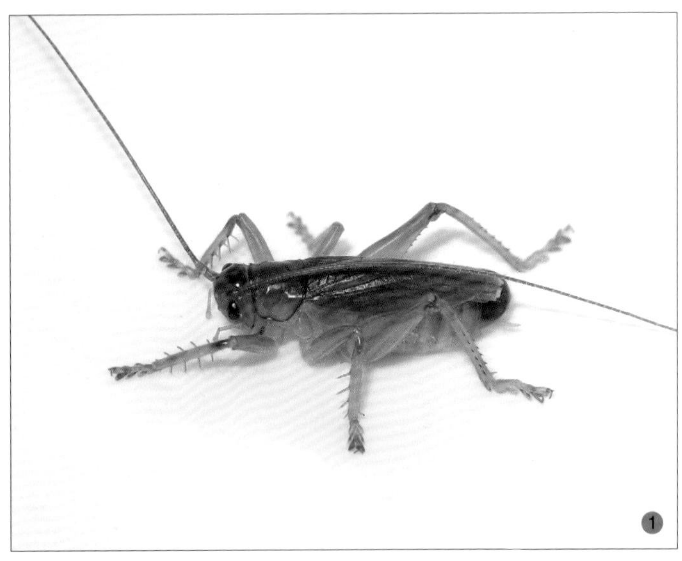

① 雄虫 浙江 天童山 2017 年 7 月
② 雌虫 浙江 天童山 2017 年 7 月

体长 14 ~ 16 mm 的小型蟋螽，触角、翅及六足红棕色，腹部淡绿色。雄虫腹部末端黑色。雌虫产卵器短。广布于我国各地。

优蟋螽 *Eugryllacris* spp.

体长 30 ~ 35 mm 的大型蟋螽，是国内最大的蟋螽类群之一。头部大，体色绿色，复眼黄色，前翅棕色或绿色，后翅具许多小黑斑。分布于我国热带地区，如云南、海南等地。

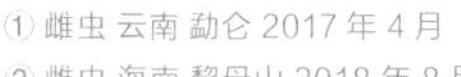

① 雌虫 云南 勐仑 2017 年 4 月
② 雌虫 海南 黎母山 2018 年 8 月

眼斑蟋螽 *Ocellarnaca* spp.

体长 20 ~ 24 mm 的中型蟋螽。体色黄褐色，中单眼附近具大块色斑，故名眼斑蟋螽。翅黑褐色，翅脉黄褐色。产卵器强烈向上弯曲。分布于我国热带、亚热带地区。

①雄虫 海南 铜鼓岭 2018 年 8 月 ②③雌虫 浙江 百山祖 2017 年 9 月

球蜡蟋螽 *Glolarnaca* spp.

① 雄虫 广东 黑石顶 2019 年 4 月
② 雌虫 云南 龙门 2017 年 5 月

体长 16 ~ 19 mm 的小型蟋螽，头部、胸部白色，具许多黑色小点，翅暗红色，六足黑白两色。云南的球蜡蟋螽，前胸背板后缘黑色，翅端部白色；广东的球蜡蟋螽，前胸背板后缘白色，翅端部黑色。分布于云南、广西、广东、海南等地。

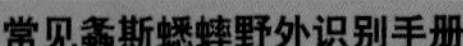

婆蟋螽 *Capnogryllacris* (*Borneogryllacris*) spp.

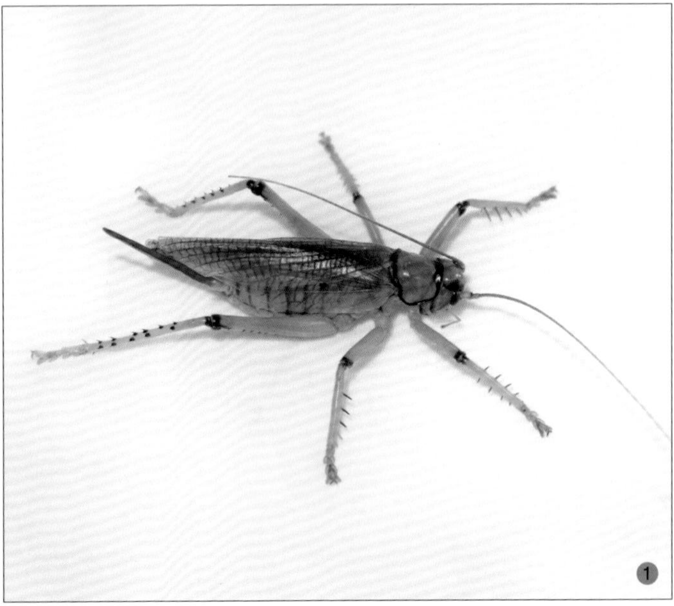

①雌虫 浙江 天童山 2017 年 7 月
②雌虫 浙江 望东垟 2017 年 7 月

体长 23 ~ 28 mm 的中型蟋螽，体色黄色。黑缘婆蟋螽 *Capnogryllacris nigromarginata* 头部黄色，六足关节有黑点；黑颊婆蟋螽 *C. melanocrania* 头顶黑色，触角基部黑色，六足无黑点。分布于我国南方各省。

饰蟋螽 *Prosopogryllacris* sp.

体长 24 ~ 29 mm 的中型蟋螽。体色绿色，翅红棕色。雌虫产卵器长。分布于我国南方各省。

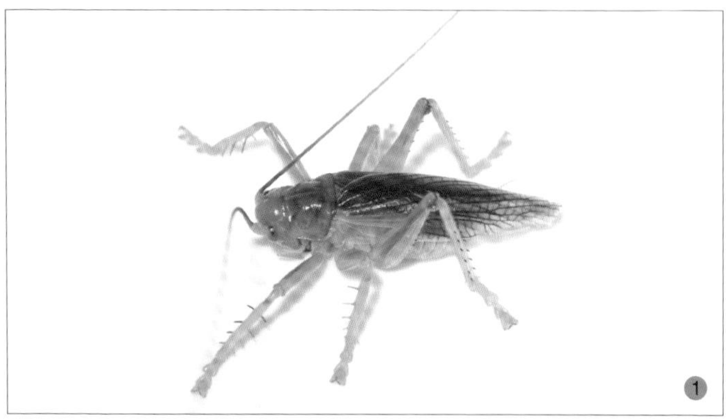

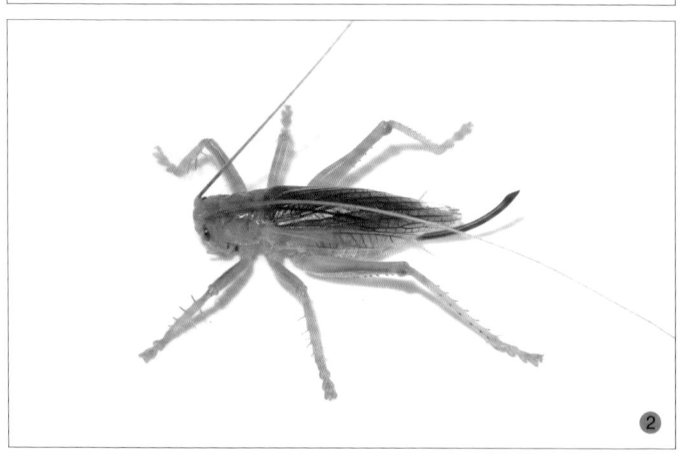

① 雄虫 浙江 望东垟 2017 年 7 月 ② 雌虫 浙江 望东垟 2017 年 7 月

宽额瀛蟋螽 *Nippancistroger laticeps*

体长 16 ~ 17 mm 的小型蟋螽。体色黄褐色，无翅，腹部端部黑色。广布于我国各地。

① 雌虫 浙江 望东垟 2017 年 7 月
② 雄虫 浙江 清凉峰 2016 年 7 月

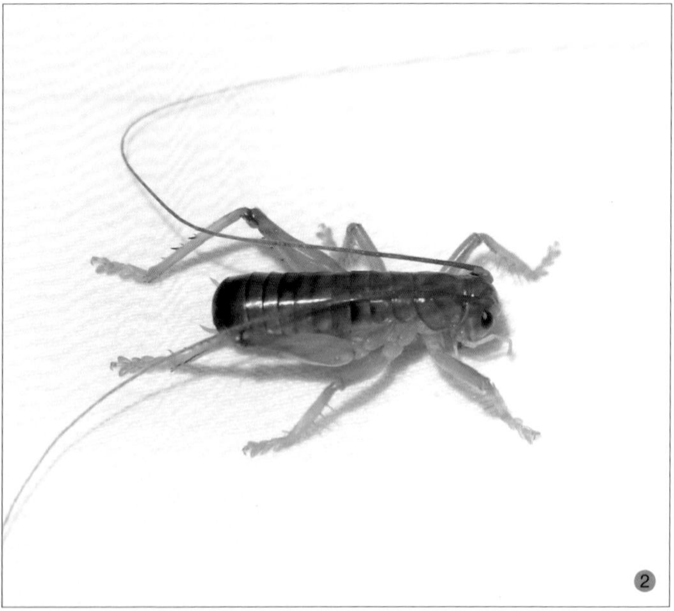

十点杆蟋螽 *Phryganogryllacris decempunctata*

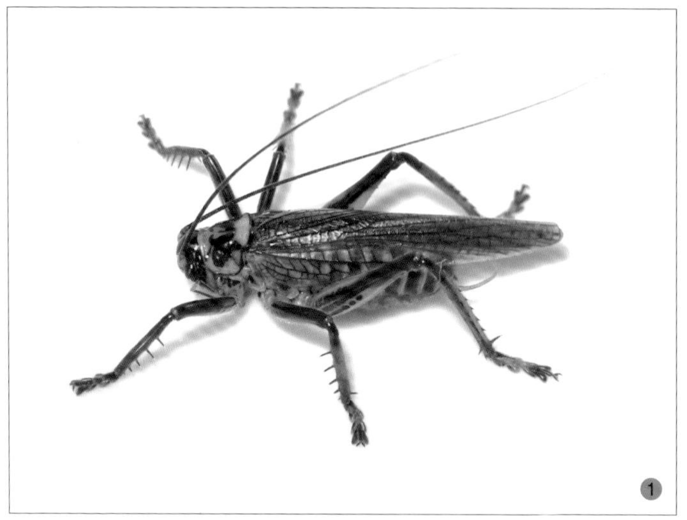

① 雄虫 浙江 百山祖 2016 年 9 月
② 雌虫 浙江 百山祖 2016 年 9 月

体长 21 ~ 25 mm 的中型蟋螽。体色非常鲜艳，红色、黑色与黄色相间。触角黑色，头顶黑色，具黄色半圆环。前胸背板黄色，具黑色不规则花纹。前翅半透明，翅脉黑色，六足黄色或黑色，腹部淡红色。产卵器细长。分布于浙江、福建。

红背烟蟋螽 *Capnogryllacris* (*Marthogryllacris*) *rufonotata*

雄虫 云南 龙门 2017 年 4 月

体长 30 mm 以上，是我国体型较大的种类之一，体色深红色，具光泽，六足较长，后翅具黑色条纹。分布于云南（西双版纳地区）。

驼螽科 Rhaphidophoridae

突灶螽 左雌右雄 海南 尖峰岭 2009 年 7 月

体长根据 15 mm 以下，15 ~ 20 mm，20 mm 以上分为小、中、大 3 类。背部隆起，完全无翅，多呈棕色，六足细长，后足尤其发达。夜行性，一般在落叶堆、石壁或土坡上成群栖息。我国有 2 个亚科，驼螽亚科 Rhaphidophorinae 背部较平，种类相对较少，不易采集；灶螽亚科 Aemodogryllinae 背部明显隆起，种类相对较多，同种也有不同的色型。

海南华驼螽 *Sinorhaphidophora hainanensis*

① 雄虫 海南 尖峰岭 2017 年 4 月（王瀚强 摄）
② 雌虫 海南 尖峰岭 2017 年 4 月（王瀚强 摄）

体长 16 ~ 18 mm 的中型驼螽。体色棕色为主，腹面和足黄褐色。腹部较平，前部稍隆起，后足较为粗短。分布于海南。

庭疾灶螽 *Tachycines asynamorus*

体长 10 ~ 14 mm 的小型灶螽。腹部背面隆起，六足细长。前胸背板开始，每个体节后缘具黑色横条纹。广布于我国各地，在郊区人居环境附近易发现。

雄虫 上海 崇东 2020 年 7 月

华南突灶螽 *Diestramima austrosinensis*

体长 15 ~ 20 mm 的中型灶螽。体色以黄褐色为主。腹部末端背面具 1 对明显的长的下弯突起，末端具 1 对瘤突。分布于浙江、广东。

雄虫 浙江 天童山 2015 年 8 月

直凹突灶螽 *Diestramima subrectis*

体长 12 ~ 18 mm 的中型灶螽。体色褐色，从头顶经过胸腹部背面具 1 条浅色纵条纹。腹部末端具较宽、短的突起，末端钝圆。分布于广西。

雄虫 广西 猫儿山 2015 年 7 月

内陆疾灶螽 *Tachycines meditationis*

体长 10 ~ 17 mm 的中型灶螽。前胸背板中部红褐色，胸部 3 节后缘黑色，具光泽。是浙江、上海、江西等省份的常见种。分布于我国南方各省。

雄虫 浙江 天童山 2015 年 8 月

巨疾灶螽 *Tachycines maximus*

体长 22 ~ 23 mm 的大型灶螽。全身褐色，整体无光泽。分布于浙江等地。

雄虫 浙江 天童山 2009 年 9 月

哑螽科 Anostostomatidae

体型较大，体色棕色至黑色，不会鸣叫，六足多棘刺，有翅的种类具飞行能力。一般生活在亚热带至热带的林下环境或树洞内，夜行性，常见停栖在朽木上。主要分布于我国长江以南地区。

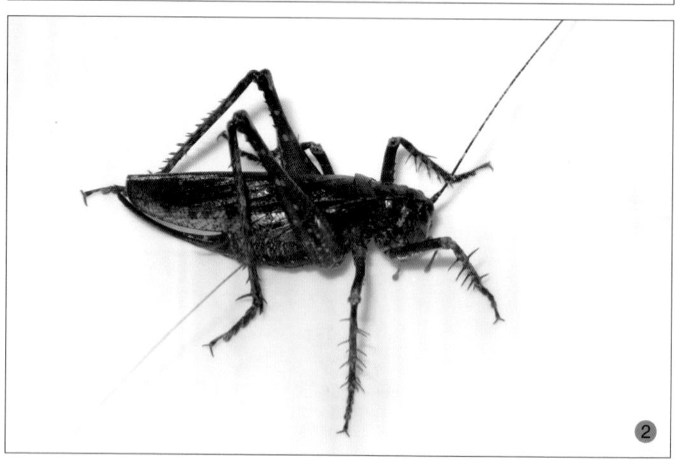

①翼糜螽 雄虫 重庆 金佛山 2020年7月 ②翼糜螽 雌虫 云南 龙门 2017年8月

暗色翼糜螽 *Pteranabropsis infuscatus*

体长约 30 mm 的大型糜螽。体色黄褐色，六足刺较长，前翅发达，善于飞行。前翅及六足具不规则黑色斑。可能取食昆虫尸体、朽木等，排泄物有强烈的异味。分布于浙江、贵州、重庆等地。

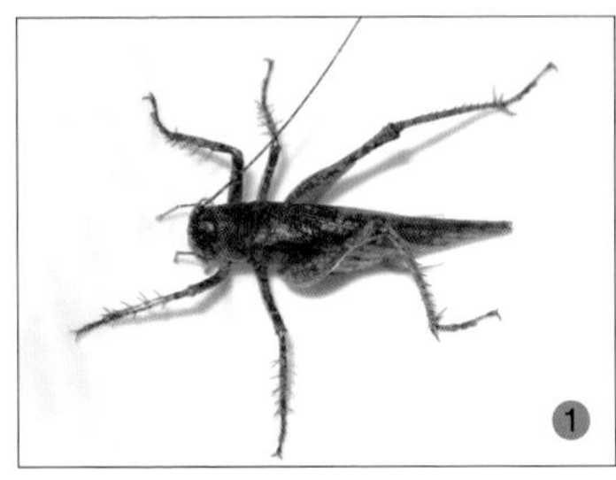

① 雄虫 浙江 乌岩岭 2017 年 7 月 ② 雌虫 浙江 乌岩岭 2017 年 7 月

乌糜螽 *Melanabropsis tianmuica*

体长约 15 mm 的小型糜螽。体色黑色为主，跗节颜色较淡。下颚须较长，雌虫产卵器较短。分布于浙江、广西等地。

① 雄虫 浙江 清凉峰 2017 年 7 月 ② 雌虫 浙江 清凉峰 2017 年 7 月

螽斯科 Tettigoniidae

体中到大型，一般栖息在各种植物上，前翅一般发达，所有种类均可鸣叫，素食、肉食、杂食性种类均有。分 9 个亚科。我国各地均有分布。

螽斯亚科 Tettigoniinae

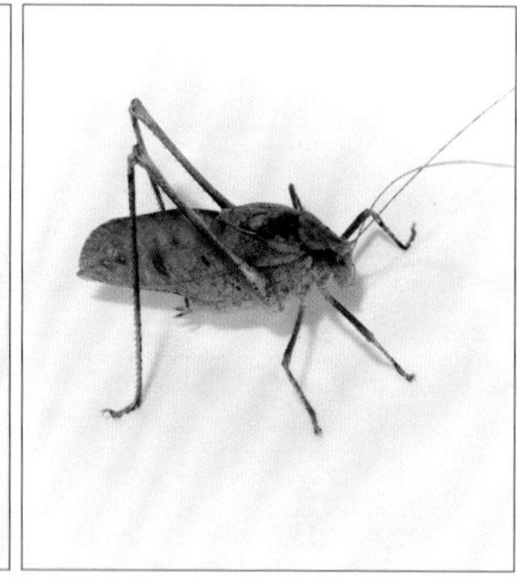
织螽亚科 Mecopodinae

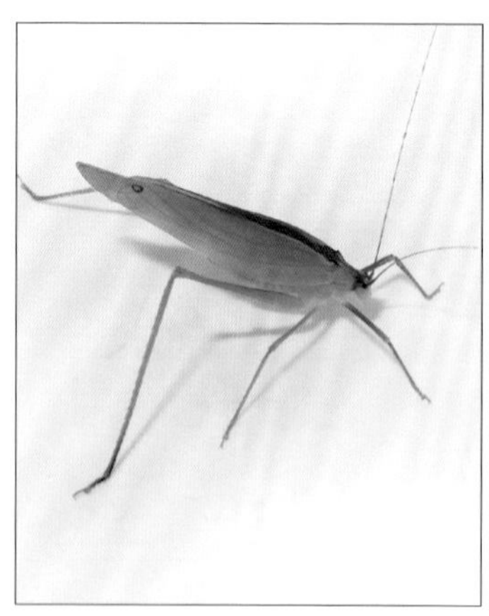

露螽亚科 Phaneropterinae

拟叶螽亚科 Pseudophyllinae

蛩螽亚科 Meconematinae

硕螽亚科 Bradyporinae

草螽亚科 Conocephalinae

似织螽亚科 Hexacentrinae

稚螽亚科 Lipotactinae

螽斯亚科 Tettigoniinae

体长根据 22 mm 以下，22 ~ 28 mm，28 mm 以上分为小、中、大 3 类。头部较大，呈半圆形，前足具刺，具捕食性。大部分夜晚鸣叫，鸣声较大。雌虫产卵器长而直。广布于我国各地。

长翅薮螽 雌虫 吉林 莲花山 2016 年 7 月

中华薮螽 *Tettigonia chinensis*

也称中华螽斯。体长 35 ~ 40 mm 的大型螽斯。体色绿色为主，前翅背面褐色。头部较大，前中足具明显的刺，前翅长，具飞行能力。部分个体前胸背板中部具褐色纵条纹。广布于我国各地。

① 雄虫 重庆 江津 2018 年 6 月 ② 雄虫 陕西 旬阳坝 2010 年 8 月

优雅蝈螽 *Gampsocleis gratiosa*

也称蝈蝈，我国著名鸣虫。体长 40 ~ 50 mm 的大型螽斯。体色具深褐色、绿色、浅黄色等颜色变化。头大，前胸背板向后延长，具侧隆线，前翅短，不超出腹部，发音镜明显。广布于我国北方各省。

雄虫 北京 凤凰岭 2018 年 7 月

暗褐蝈螽 *Gampsocleis sedakovii*

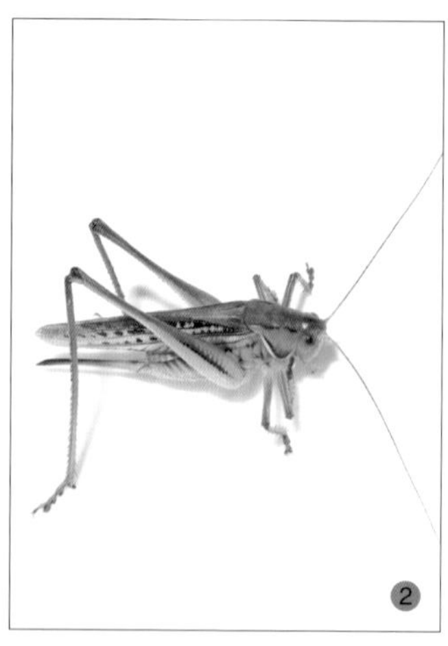

①雄虫 内蒙古 辉腾锡勒 2015 年 7 月
②雌虫 内蒙古 鄂尔多斯 2020 年 7 月

也称吱拉子。体长 30 ~ 35 mm 的大型螽斯。前翅长，明显超出腹部，后翅发达，具飞行能力。头顶经前胸背板背片至前翅背面棕色，前翅侧面有时具数个小黑点。六足带褐色。多栖息在草原上。分布于我国北方各省。华东地区分布有近似种中华蝈螽 *G. sinensis*、东北地区分布有近似种乌苏里蝈螽 *G. ussuriensis*。

布氏寰螽 *Atlanticus brunneri*

也称土蝈蝈。体长 25 ~ 30 mm 的中型螽斯。体色棕色，前胸背板侧片具黑色条纹。前胸背板前后延长，盖住大部分前翅，前翅很短。前中足具刺。雌虫无前翅，产卵器短而上弯。分布于我国东北各省。

① 雄虫 吉林 龙潭山 2014 年 7 月
② 雌虫 吉林 龙潭山 2014 年 7 月

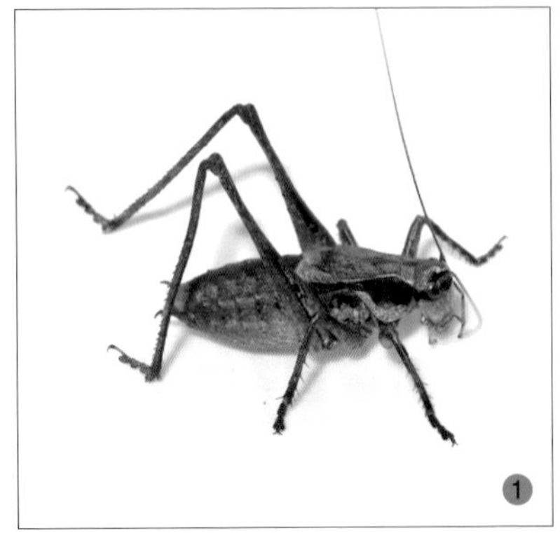

大寰螽 *Sinpacificus magnificus*

体长约 35 mm 的大型螽斯。与布氏寰螽类似，但雄虫前翅宽大，几乎盖住腹部，尾须向内弯曲，中部具一小分叉。雌虫产卵器长而直。鸣声优美，类似蝈蝈。分布于浙江。

① 雄虫 浙江 建德 2018 年 7 月
② 雌虫 浙江 建德 2018 年 7 月

中寰螽 *Sinpacificus fengyangensis*

① 雄虫 浙江 天目山 2010 年 9 月
② 雌虫 浙江 天目山 2010 年 9 月

体长 30 ~ 35 mm 的大型螽斯。外形基本同大寰螽，但前翅略小，尾须略弯曲，在后部分为 2 叉。分布于浙江。浙江南部有近似种寰螽 *Sinpacificus fallax*，仅与此种叫声不同。

江苏寰螽 *Sinpacificus kiangsu*

① 雄虫 上海 天马山 2014 年 7 月 ② 雌虫 上海 天马山 2014 年 7 月

体长 25 ~ 30 mm 的中型螽斯。雄虫前翅后部浅黄色，端部呈分叉状，雌虫具三角形前翅。不同于上述各种寰螽仅分布于山区环境。本种分布于上海、江苏等平原地区。浙江分布有近似种小寰螽 *S. pieli*。

黄氏蒙螽 *Mongolodectes huangxinleii*

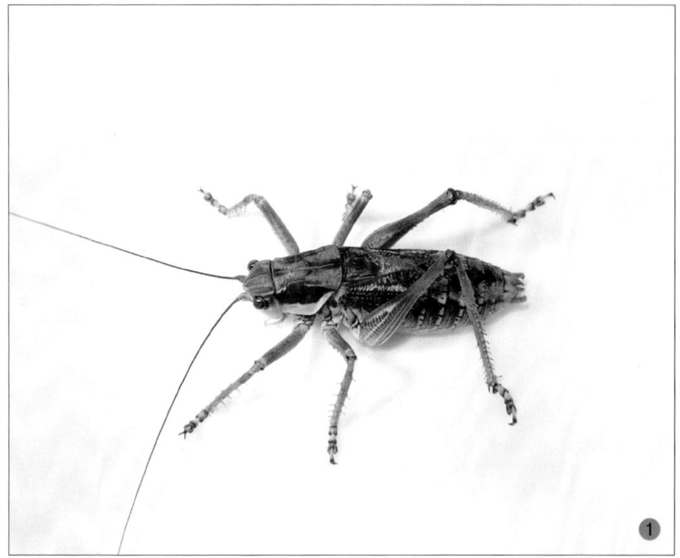

① 雄虫 宁夏 石嘴山 2018 年 7 月
② 雌虫 宁夏 石嘴山 2018 年 7 月

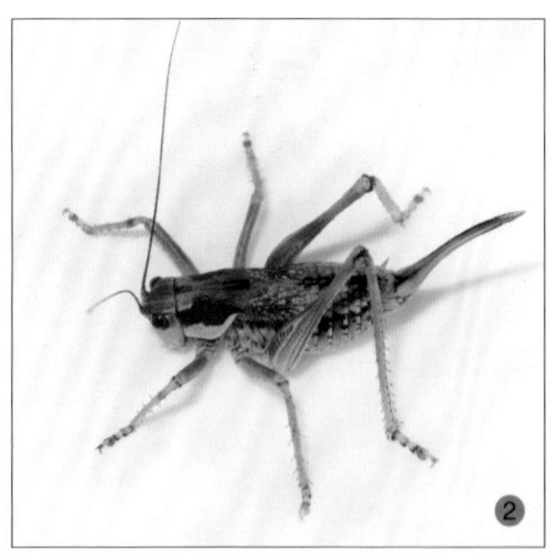

体长 28 ~ 35 mm 的大型螽斯。体色整体灰色，脸下部白色，前胸背板侧片上黑下白，前翅及腹部灰白相杂。头部较大，雄虫前翅和前胸背板等长，但仅及腹部的 1/2。分布于宁夏。

乌苏里拟寰螽 *Paratlanticus ussuriensis*

① 雄虫 吉林 莲花山 2016 年 7 月
② 雌虫 吉林 莲花山 2014 年 6 月

体长 23 ~ 26 mm 的中型螽斯。体色整体黑色，前胸背板侧片下缘白色，前翅后半部浅黄色，六足带绿色。前翅稍长于前胸背板，前胸背板后部向上弯曲，产卵器很长。分布于吉林等地。

长镜亚寰螽 *Anatlanticus longispeculi*

体长 18 ~ 20 mm 的小型螽斯。前翅长于前胸背板，黄褐色，前胸背板向后变宽，侧片下缘白色。分布于长白山一带。

雄虫 吉林 长白县 2016 年 7 月

初姬螽 *Chizuella bonneti*

体长 18 ～ 22 mm 的小型螽斯。前胸背板平整，几乎不弯曲，前翅稍短于前胸背板长度，侧片后缘具一白色条纹。雌虫产卵器短而上弯。广布于我国北方各省。

① 雄虫 陕西 旬阳坝 2010 年 8 月 ② 雌虫 陕西 旬阳坝 2010 年 8 月

叶氏优岩螽 *Eulithoxenus emeljanovi*

体长 15 ~ 19 mm 的小型螽斯。雄虫前翅露出部分仅为前胸背板的 1/2 长度，雌虫前翅不明显。分布于宁夏等干旱荒漠环境。

① 雄虫 宁夏 石嘴山 2018 年 7 月 ② 雌虫 宁夏 石嘴山 2018 年 7 月

织螽亚科 Mecopodinae

体型大型，体色多变，包括黄色、棕色、绿色以及各种杂色。翅上的黑斑有淡色甚至消失的，也有浓重连成波浪线的。素食性，前翅发达，叫声极其响亮。夜行性，一般栖息在阳光能直射到的灌丛周围，或人工环境。雌虫产卵器长而直。国内 1 属，常见 2 种，即宽翅纺织娘和窄翅纺织娘。

宽翅纺织娘 雄虫 浙江 天目山 2010 年 9 月

宽翅纺织娘 *Mecopoda niponensis*

① 雄虫 浙江 天童山 2008 年 8 月
② 雌虫 浙江 百山祖 2008 年 9 月

也称日本纺织娘。体长 30 ~ 40 mm 的大型螽斯。体色绿色、黄色、褐色等多变，翅还具一至数个黑色小点。前胸背板具侧隆线，前翅宽大，六足无明显刺。鸣声响亮，或缓或急，或高或低。广布于我国大部分地区。

窄翅纺织娘 *Mecopoda elongata*

体长 30 ~ 35 mm 的大型螽斯。体色多为褐色，也有绿色型。相比宽翅纺织娘，前翅窄而长。翅上有时具黑点，部分个体黑色斑连成波浪形。叫声相对规律，无高低起伏。广布于我国南方各省。

① 雄虫 广州 白云山 2015 年 11 月 ② 雌虫 广州 白云山 2015 年 11 月

露螽亚科 Phaneropterinae

体长根据 30 mm 以下，30 ~ 40 mm，40mm 以上分为小、中、大 3 类。头部较小，后翅发达，一般长度超过前翅。素食性，六足无明显刺。雌虫产卵器弯刀状，产卵在树皮下或树叶中。大部分为树栖型，小部分为草栖型。夜晚具很强的趋光性。

桑螽 雄虫 福建 挂墩 2008 年 8 月

露螽 *Phaneroptera* spp.

① 雄虫 上海 江湾 2009 年 7 月
② 雌虫 福建 大安 2010 年 9 月

体长 16 ~ 20 mm 的小型露螽。头部和前胸背板等宽，前翅窄长，后翅明显超出前翅。一般叫声轻柔，不易察觉。国内常见两种：镰尾露螽 *P. falcata* 体色绿色，脸部白色，前翅背部褐色，若虫绿色为主；黑角露螽 *P. nigroantennata* 六足多褐色，全身密布小黑点，若虫黑绿相间。广布于我国南方各省。

桑螽 *Kuwayamaea* spp.

体长 26 ~ 30 mm 的中型露螽。体色多为绿色，前翅背面褐色，后翅不明显超出前翅，有些种类后翅与前翅等长。外形与条螽相似，但鸣声不同，桑螽鸣声明显分为 2 段，周而复始。广布于我国各省。

① 雄虫 浙江 天童山 2010 年 7 月
② 雄虫 陕西 旬阳坝 2010 年 8 月

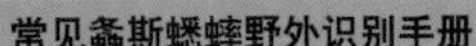

普通条螽 *Ducetia japonica*

也称日本条螽。体长约 25 mm 的小型露螽。体色绿色，头顶经前胸背板至前翅背面褐色。偶见棕色个体。外形类似露螽属，但较大。前翅狭长，后翅明显超出前翅。鸣声先缓后急，具周期性。分布于城市绿化带，全国最为广布的露螽代表性物种。

① 雄虫 河南 鹤壁 2007 年 10 月
② 雄虫 上海 江湾 2010 年 9 月

周氏安螽 *Prohimerta choui*

体长 22 ~ 25 mm 的小型露螽。前翅宽大，长度为腹部的 2 倍，雌虫前翅则为 1.5 倍。翅基部背面棕色，其余绿色。若虫越冬，4—5 月成虫，成虫期短。分布于浙江。

① 若虫 浙江 天目山 2010 年 4 月 ② 雄虫 浙江 天目山 2016 年 4 月

掩耳螽 *Elimaea* spp.

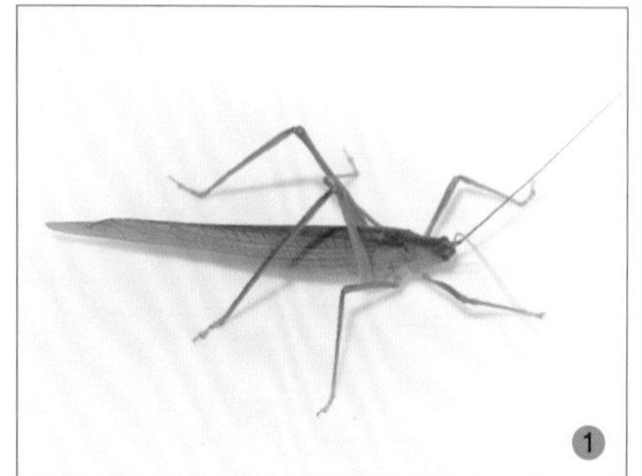

体长 23 ～ 27 mm 的小型露螽。头小而体狭长，前翅窄长，翅脉组成一个个小方格。分布于我国各省。

① 雄虫 浙江 清凉峰 2017 年 7 月
② 雄虫 陕西 旬阳坝 2010 年 8 月

中华半掩耳螽 *Hemielimaea chinensis*

① 若虫 浙江 天童山 2009 年 5 月
② 雄虫 浙江 天童山 2009 年 6 月

体长 25 ~ 30 mm 的中型露螽。与掩耳螽极为类似，但翅中间的一条翅脉在后部一定分为 2 叉，并向上弯曲。翅背面的棕色较深、较宽。分布于浙江等地。

歧尾鼓鸣螽 *Bulbistridulous furcatus*

体长 25 ~ 30 mm 的中型露螽。与中华半掩耳螽类似。体色以黑色为主，前胸背板背片红色，侧片黑色具白边。前翅侧域白色或浅绿色，翅脉黑色。六足黑色。分布于福建。

① 雄虫 福建 挂墩 2008 年 8 月 ② 雌虫 福建 挂墩 2008 年 8 月

细齿平背螽 *Isopsera denticulata*

体长约 25 mm 的小型露螽。前胸背板的背片与侧片呈明显的90° 夹角，即具侧隆线，故名平背。成虫全身绿色。若虫低龄时黑白色，后足股节黑色带白环，随着不断蜕皮，绿色在背部逐渐显现。主要分布于我国南方各省。

① 若虫 浙江 天童山 2010 年 5 月
② 雄虫 浙江 天目山 2010 年 9 月

黑角平背螽 *Isopsera nigroantennata*

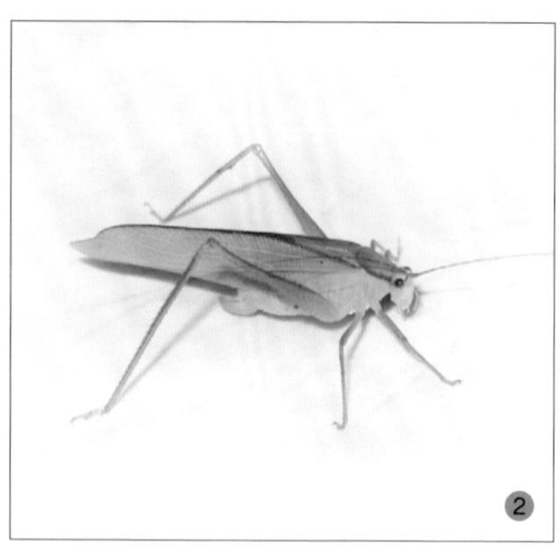

① 雄虫 陕西 旬阳坝 2010 年 8 月
② 雌虫 浙江 清凉峰 2016 年 7 月

体长 25 ~ 28 mm 的小型螽斯。外形类似细齿平背螽，但前胸背板背片两侧具红色条纹，有时延长至前翅处。分布于浙江、陕西等地。

凸翅糙颈螽 *Ruidocollaris convexipennis*

体长 35 ~ 40 mm 的大型露螽。与平背螽同样在前胸背板具明显的侧隆线，但体型更大。侧隆线具几个凹痕，看似粗糙，故名。该种成虫触角棕白相间，面部褐色，前翅上缘具一个个方形的棕色小斑块，其余部分绿色。若虫黑色，后足股节具 1 个绿色环。分布于浙江等地。

① 若虫 浙江 天童山 2016 年 6 月
② 雄虫 浙江 清凉峰 2016 年 8 月

截叶糙颈螽 *Ruidocollaris truncatolobata*

体长 40 ~ 45 mm 的大型露螽。外形与凸翅糙颈螽类似。成虫体色基本绿色，跗节处黑色。若虫棕色，前胸背板背片及腹部背面绿色。近似种中华糙颈螽 *R. sinensis* 与本种十分相似，但跗节处绿色。两种均广布于南方各省。

① 若虫 浙江 天童山 2009 年 5 月 ② 雄虫 福建 武夷山 2010 年 7 月

海南麻螽 *Tapiena hainanensis*

体长约 35 mm 的中型露螽。成虫具侧隆线。体色以绿色为主，前足股节及胫节听器处红棕色，具白斑。若虫绿色，前足同成虫颜色，腹部两侧黑褐色。分布于海南。

① 若虫 海南 铜鼓岭 2019 年 5 月 ② 雄虫 海南 保梅岭 2018 年 8 月

黑刺直缘螽 *Rectimarginalis fuscospinosa*

体长约 35 mm 的中型露螽。头顶倾斜，前胸背板明显向上向后抬升，具侧隆线，前翅宽大。复眼周围及侧隆线黑色，前翅前缘具细细的黑线。雌虫产卵器具浅绿色斑。分布于海南。

① 雌虫 海南 保梅岭 2018 年 8 月
② 雄虫 海南 尖峰岭 2018 年 8 月

绿螽 *Holochlora* sp. & 华绿螽 *Sinochlora* sp.

① 雄虫 上海 漕泾 2016 年 8 月
② 雄虫 浙江 白马山 2017 年 9 月

体长 28 ~ 32 mm 的中型露螽。本类群最显著特征是前翅前缘具相邻的黑白两细条纹，其余部分体色绿色。其中，普通绿螽 *H. japonica* 最为常见，体色基本绿色，四川华绿螽 *S. szechwanensis* 前足股节红色。广布于我国南方各省。

奇螽 *Mirollia* spp.

① 雄虫 浙江 天目山 2018 年 8 月
② 雌虫 浙江 百山祖 2016 年 9 月

体长约 25 mm 的小型露螽。体色基本绿色，六足关节处红褐色，雄虫发音器黑色，雌虫无此特征。前翅翅脉组成显著的一个个小方格。分布于我国南方各省，但种类各不相同。

赤褐环螽 *Letana rubescens*

体长 25 ~ 29 mm 的小型露螽。外形近似露螽属。头顶经前胸背板至前翅背面红褐色，前足红褐色，中后足胫节红褐色。其余部分暗绿色。分布于浙江等地。

雄虫 浙江 白马山 2017 年 9 月

端尖斜缘螽 *Deflorita apicalis*

体长 24 ~ 29 mm 的小型露螽。具侧隆线，后翅明显超出前翅，但略往下倾斜。头顶、前胸背板前部、前翅前部白色，腹部两侧白色至浅黄色。前翅端部及后翅可见处黑褐色，跗节褐色。分布于浙江等地。

① 雄虫 浙江 百山祖 2016 年 9 月 ② 雌虫 浙江 天目山 2010 年 9 月

叶状重螽 *Baryprostha foliacea*

体长约 40 mm 的大型露螽。体色深绿色，头部及六足具白色斑。头大，前翅明显宽，似一片树叶，故名。分布于海南、云南。

雄虫 海南 黎母山 2018 年 8 月

淑珍细颈螽 *Leptoderes shuzhenae*

体长 35 ~ 40 mm 的大型露螽，体色绿色为主、前翅绿色，具黑色斑，六足胫节黑褐色。头部向前探，胸部窄长似颈，故名。前翅宽大，好似树叶。分布于云南。

雄虫 云南 独龙江 2019 年 8 月

若华卒螽 *Zulpha ruohua*

体长约 40 mm 的大型螽斯。体色墨绿色及白色相间，触角褐色与白色交错。头部向前探，前胸背板后部向上抬起，前翅前宽后窄。分布于海南、广西。

雌虫 海南 五指山 2018 年 8 月

拟叶螽亚科 Pseudophyllinae

体长根据 50 mm 以下，50 ~ 60 mm，60 mm 以上分为小、中、大 3 类。头尖，翅大能盖住整个身体，包括后足，后足不发达。体色多为绿色或褐色，仅栖息在乔木的叶片或树干上，具拟态性，好似树叶或树干。分布于我国南方各省。

① 翡螽 雄虫 贵州 雷公山 2015 年 7 月　② 翡螽 雌虫 浙江 天童山 2010 年 9 月

翡螽 *Phyllomimus* sp.

① 雌虫 广西 金秀 2015 年 7 月
② 若虫 广西 金秀 2015 年 7 月

体长 35 ~ 40 mm 的小型拟叶螽。翡螽是最常见的拟叶螽类群。体色多为绿色，有些种类具黄色斑或黑色斑。头尾均呈尖型，整体呈橄榄形。分布于我国南方各省。

巨拟叶螽 *Pseudophyllus titan*

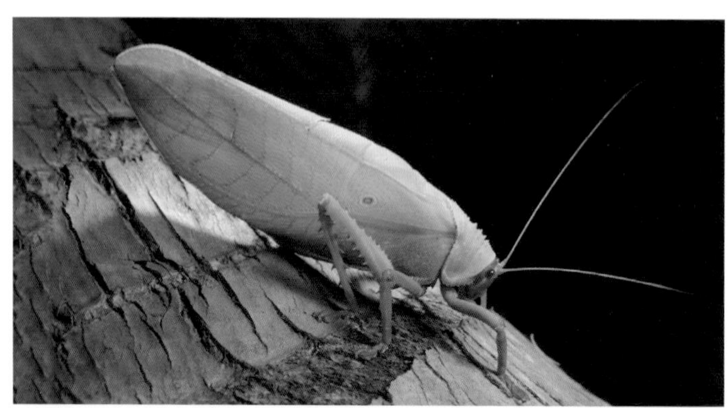

雄虫 云南 西双版纳 2010 年 3 月（张巍巍 摄）

体长 90 ~ 130 mm 的大型拟叶螽，是国内最大的螽斯种类，雄虫比雌虫体型略小。整体绿色，头部及前胸背板边缘带褐色。头部椭圆形，前胸背板具明显的 2 ~ 3 条褶皱，背面具突起的小刺，中后足多具刺，有防御作用。分布于云南等地。

布鲁纳翠螽 *Chloracris brunneri*

体长 60 ~ 70 mm 的大型拟叶螽。体色整体翠绿色，复眼红色。头小，前胸背板具褶皱但无明显突起，后足股节腹面具明显的刺。分布于海南、云南等地。

① 雄虫 云南 西双版纳 2013 年 8 月
② 雄虫 海南 尖峰岭 2009 年 7 月

贯脉菱螽 *Rhomboptera ligata*

体长约 65 mm 的中型拟叶螽。头小，背面观几乎被前胸背板覆盖，翅宽大，绿色，具 4 ~ 5 条黄色横向细条纹。分布于广西、海南、云南等地。

① 雄虫 海南 霸王岭 2019 年 3 月　② 雄虫 广西 北海 2020 年 9 月（刘建协 摄）

丽叶螽 *Orophyllus* spp.

① 雄虫 广西 金秀 2015 年 7 月
② 雌虫 浙江 天童山 2015 年 8 月

体长 50 ~ 55 mm 的中型拟叶螽。整体粗壮，头和前胸背板等长，无明显褶皱，前翅末端尖。触角基部粉红色，前翅侧面具 1 条粉红色线。后足背面带红色。国内 5 种，广布于南方各省。

纯清肘隆螽 *Onomarchus uninotatus*

雄虫 广西 防城港 2020 年 6 月

体长 60 ~ 80 mm 的大型拟叶螽。头小而翅特别窄长，后翅超出前翅。足具褐色，其余部分绿色。面部绿色，外缘白色。分布于广西、海南、云南等地。

覆翅螽 *Tegra novaehollandiae*

体长 50 ~ 60 mm 的中型拟叶螽。整体呈圆筒状。全身黑褐色，有些个体前翅具绿色或白色斑块。前翅长，远超出腹部，足上没有明显的刺。受到天敌捕捉时，会在胸部两侧释放黄色液体。广布于我国南方各省，在城市周边也能见到。

① 雄虫 福建 武夷山 2008 年 7 月
② 雄虫 浙江 天童山 2016 年 7 月

黄斑珊螽 *Sanaa intermedia*

雄虫 云南 西双版纳 2013 年 8 月

体长 45 ~ 50 mm 的小型拟叶螽。整体类似覆翅螽，但前胸背板绿色，前翅具波浪状绿色纹，后翅黑色。受到惊吓时会张开 4 翅，威吓天敌。分布于云南。

脊螽 *Hemigyrus* (*Tomomima*) spp.

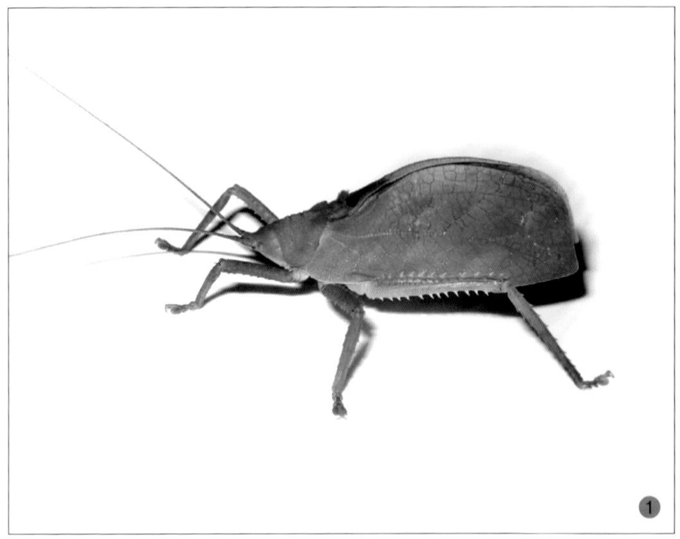

① 雄虫 海南 尖峰岭 2018 年 8 月
② 雄虫 广西 金秀 2015 年 7 月

体长 60 ~ 80 mm 的大型拟叶螽。头尖，前胸背板布满小点，前翅明显隆起，翅末端略呈平截状。后足股节背腹面具明显的刺。分布于重庆、广西、云南、海南。

鼓叶螽 *Tympanophyllum maximum*

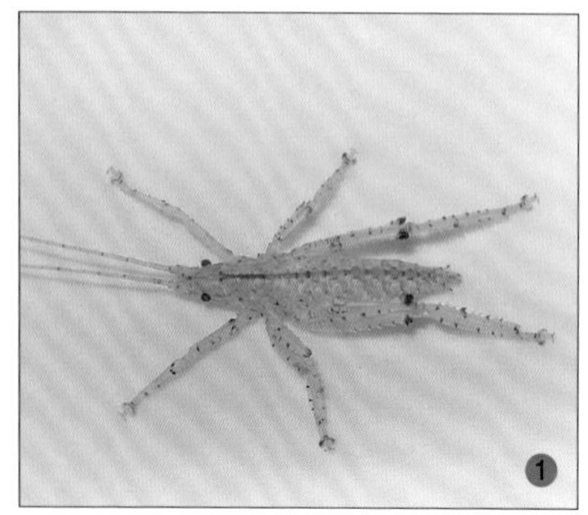

体长 35 ~ 40 mm 的小型拟叶螽。头部小，前翅特别宽大，且中部可以折叠，翅平放时呈椭圆形，完全盖住后足。若虫时全身翠绿，密布深色小点。成虫前足具黑点，其余部分翠绿色。分布于云南。

① 若虫 云南 勐仑 2017 年 10 月
② 雄虫 云南 瑞丽 2017 年 8 月

绣色彩螽 *Callimenellus ferrugineus*

体长 45 ~ 55 mm 的中型拟叶螽。前翅呈三角形，腹部大，呈枣形。可能为杂食性，相互间啃食前翅，因此前翅常常缺损。分布于云南、海南等地。

① 雄虫 海南 黎母山 2018 年 8 月 ② 雌虫 海南 黎母山 2018 年 8 月

蛩螽亚科 Meconematinae

体型小型。一般生活在树上，鸣声较小，有些则发出超声。体态轻盈，前足具长刺，具捕食性。长翅种类的蛩螽有较强的趋光性，也有短翅的种类，多样性可能很高。

大亚栖螽 雌虫 浙江 百山祖 2008 年 9 月

阿里山泰雅螽 *Taiyalia* sp.

体型小型，体长约20 mm。前胸背板向后延伸，盖住大部分发音镜，前翅略超过腹部末端。前胸背板两侧及有缘具褐色条纹，前翅背部褐色，其余部分绿色。分布于我国台湾。

雄虫 台湾 阿里山 2012 年 10 月

巨叉大畸螽 *Macroteratura megafurcula*

体型中型，体长约 25 mm 的长翅型蛩螽。六足细长，前翅长而窄，触角、头顶、前胸背板背片、前翅黑色至褐色，腹部前端具 1 条褐色条纹，胫节浅黄色，其余部分浅绿色。广布于我国各省。

① 雄虫 浙江 百山祖 2008 年 9 月
② 雄虫 浙江 天目山 2010 年 9 月

比尔拟库螽 *Pseudokuzicus pieli*

① 雄虫 陕西 旬阳坝 2010 年 8 月
② 雌虫 陕西 旬阳坝 2010 年 8 月

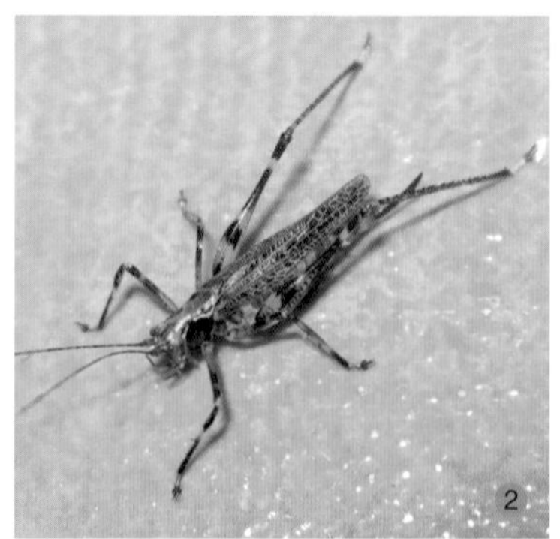

体型中型，体长 20 ~ 24 mm 的长翅型蛩螽。头顶前胸背板背片浅褐色，前胸背板侧片黑色，六足具黑白相间条纹。广布于我国各省。

斑腿栖螽 *Xizicus fascipes*

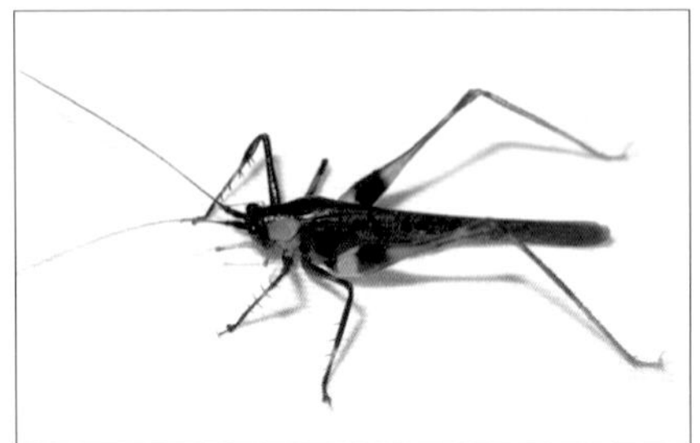

体型中型，体长21 ~ 23 mm的长翅型蛩螽。头黑色，前胸背板背片黑色，侧片白色，前翅黑色，前中足股节黑色，后足股节黑白相间。全国广布。

雌虫 广西 金秀 2015 年 7 月

陈氏戈螽 *Grigoriora cheni*

体型中型，体长 21 ~ 24 mm 的长翅型蛩螽。复眼红黄相间，其余部分绿色。分布于浙江等地。

① 雄虫 浙江 天童山 2010 年 7 月 ② 雄虫 浙江 天童山 2014 年 7 月

显凹简栖螽 *Xizicus incisus*

体型中型，体长 20 ~ 25 mm 的长翅型蛩螽。整体黄褐色，头顶经前胸背板至前翅深褐色，前翅具数个小黑点，其余部分黄色。分布于浙江。

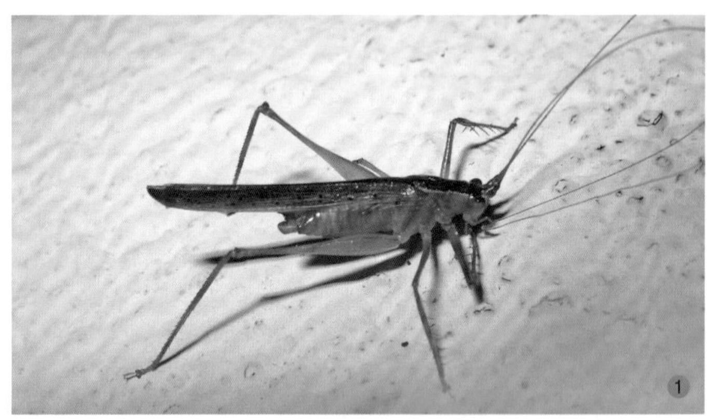

① 雄虫 浙江 天童山 2008 年 8 月 ② 雌虫 浙江 天童山 2010 年 7 月

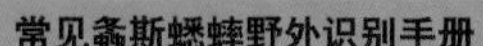

铃木库螽 *Kuzicus suzukii*

① 雌虫 台湾 南投 2012 年 10 月
② 雌虫 浙江 天目山 2010 年 9 月

体型小型，体长约 20 mm 的长翅型蛩螽。体色以绿色为主，前胸背板背片黄色，前翅背面褐色，侧面具数个黑色小点。分布于浙江、台湾。

心形华穹螽 *Sinocyrtaspis cardia*

体型小型，体长 18 ~ 20 mm 的短翅型蛩螽。雄虫前胸背板隆起，盖住发音器，尾须向内弯曲，组成心形，故名。雌虫前胸背板正常，无翅，产卵器短小。分布于贵州。

①雌虫 贵州 雷公山 2015 年 7 月
②雄虫 贵州 雷公山 2015 年 7 月

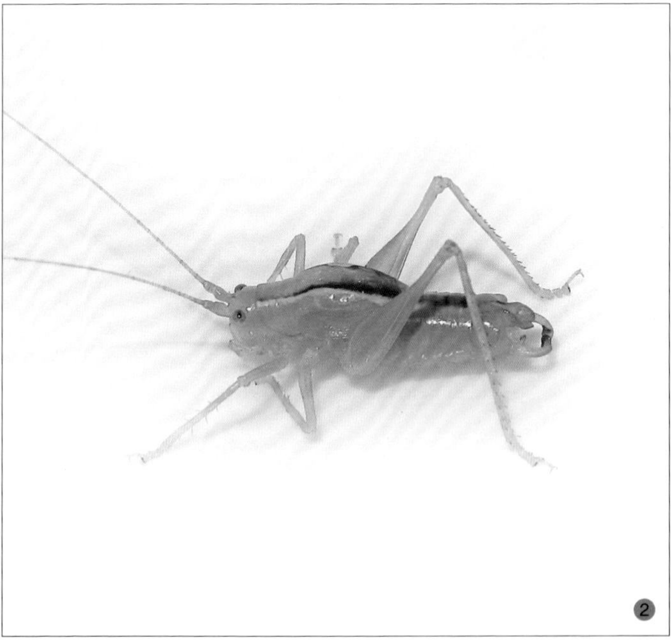

原栖螽 *Eoxizicus* spp.

体型小型，体长约 20 mm 的长翅型蛩螽。体色绿色，复眼红色，前胸背板两侧具黑线。广布于我国南方各省。

① 雌虫 福建 挂墩 2008 年 7 月
② 雄虫 广西 金秀 2015 年 7 月

硕螽亚科 Bradyporinae

体型中至大型，前胸背板发达，具褶皱，前翅很短，一般被前胸背板盖住，鸣叫时抬起前胸背板后部，可见前翅摩擦发音。后足不发达，不善跳跃。雌虫也具有相似的前翅，可摩擦发音。主要分布在北方荒漠地带。

棘硕螽 雄虫 山西 运城 2020 年 7 月

横突棘颈螽 *Deracantha transversa*

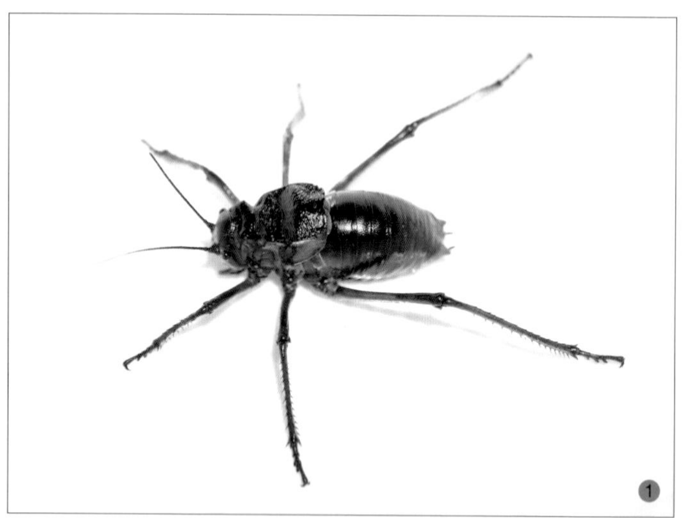

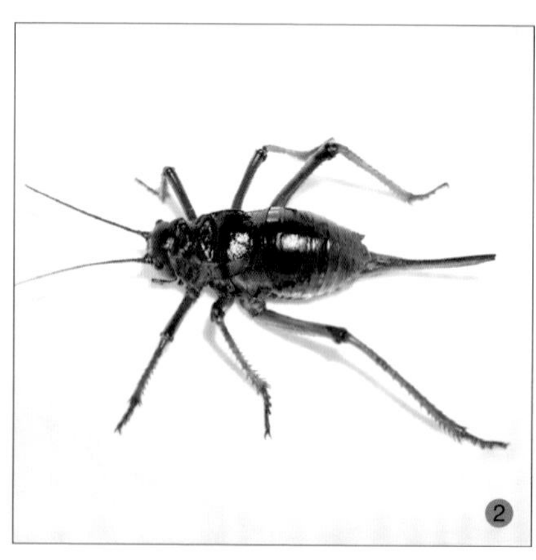

①雄虫 河南 南阳 2020 年 6 月
②雌虫 河南 南阳 2020 年 6 月

体长 55 ~ 65 mm 的大型硕螽。前胸背板具明显褶皱，前翅短，且完全被前胸背板遮盖，但在鸣叫时前胸背板会抬起。后足不发达，没有跳跃能力。雌虫也具发音翅。体色黑色，六足红棕色。分布于河南等地。

腾格里懒螽 *Zichya tenggerensis*

体长 25 ~ 30 mm 的中型硕螽。体色黄色或绿色，前胸背板至腹部具数条浅色的纵条纹。前胸背板具明显褶皱，背片具很多刺。前翅完全被遮盖。后足不发达。分布于内蒙古、宁夏等地。

① 雌虫 宁夏 石嘴山 2020 年 7 月
② 雄虫 宁夏 石嘴山 2020 年 7 月

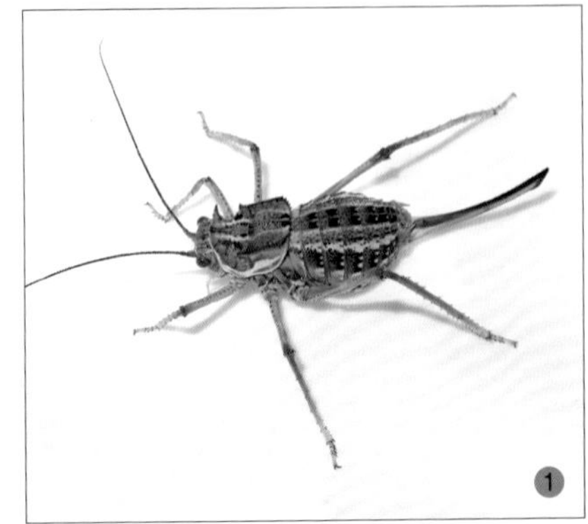

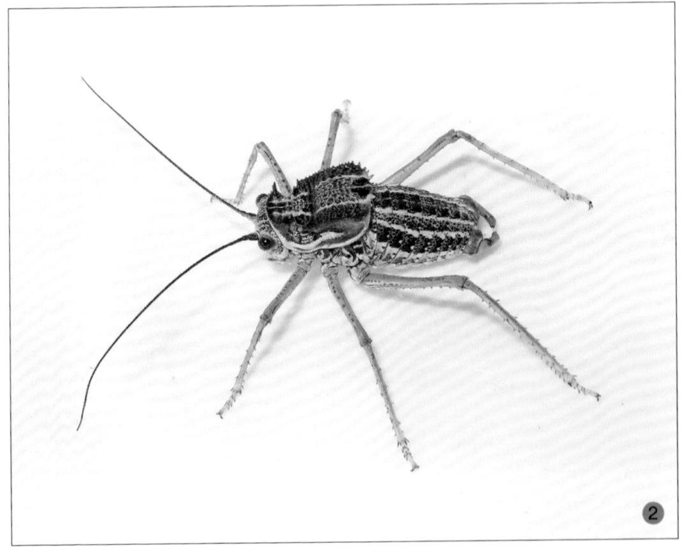

草螽亚科 Conocephalinae

体型中到大型，头顶往前，口器向后，叫声常不悦耳。产卵器长，刀状。主要分为 3 类，即小草螽、大草螽和角螽。草螽属及锥尾螽属也称小草螽，头部稍圆形，复眼大，视力出色，后足发达，常生活在竹林；优草螽、拟茅螽等也称大草螽，体型狭长，个体大，复眼较小，头部向后倾斜，头顶的角较大，栖息在禾本科为主的植被环境；刺顶螽、缺翅螽等也称角螽，复眼小，头顶的角也窄。小草螽根据 26 mm 以下，26 ~ 33 mm，33 mm 以上分为小、中、大 3 类。大草螽和角螽根据 35 mm 以下，35 ~ 45 mm，45 mm 以上分为小、中、大 3 类。

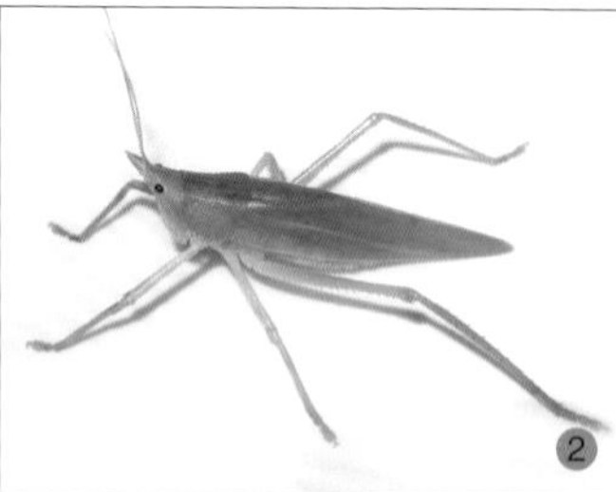

① 箭竹草螽 雌虫 海南 昌江 2019 年 3 月 ② 小锥头螽 雄虫 浙江 天童山 2017 年 7 月
③ 刺顶螽 雄虫 海南 五指山 2019 年 5 月

悦鸣草螽 *Conocephalus melaenus*

体长约 25 mm 的小型小草螽。若虫红黑两色，而同属其他种类若虫多为绿色及褐色。成虫头顶经前胸背板至前翅黑色，后足股节端部黑色。栖息于各种农田环境周围，是我国最常见的种类之一。广布于我国各地。

① 若虫 海南 五指山 2009 年 8 月 ② 雄虫 浙江 天目山 2010 年 9 月

长瓣草螽 *Conocephalus exemptus*

① 雄虫 浙江 天目山 2010 年 9 月
② 雌虫 浙江 天目山 2010 年 9 月

也称豁免草螽。体长 30 ~ 33mm 的中型小草螽。前翅超出腹部末端，雌虫产卵器极长。头顶深褐色，前胸背板背片褐色，两侧具白色细纹，侧片绿色。前翅褐色。胫节及跗节褐色，其余绿色。广布于我国各地。

斑翅草螽 *Conocephalus maculatus*

体长 25 ~ 28 mm 的中型小草螽。前翅远超出腹部末端。头顶经前胸背板至前翅棕褐色，前翅具黑色斑点，故名。胫节及跗节浅褐色，其余部分绿色。农田等人为干扰的环境下也十分常见。分布于全国各地。

① 雄虫 浙江 百山祖 2008 年 9 月
② 雌虫 云南 楚雄 2009 年 9 月

湿地草螽 *Conocephalus halophilus*

上海草螽 *C. shanghaiensis* 应为其同物异名。体长 28 ~ 30 mm 的中型小草螽。头顶褐色，前胸背板中部浅绿色，两侧依次为褐色细纹及浅色宽纹，前翅浅褐色至白色，跗节浅褐色，其余部分浅绿色。主要栖息在沿海的植被中。分布于上海等沿海湿地。

① 雄虫 上海 石化 2016 年 9 月
② 雌虫 上海 石化 2016 年 9 月

背齿草螽 *Conocephalus dorsalidentatus*

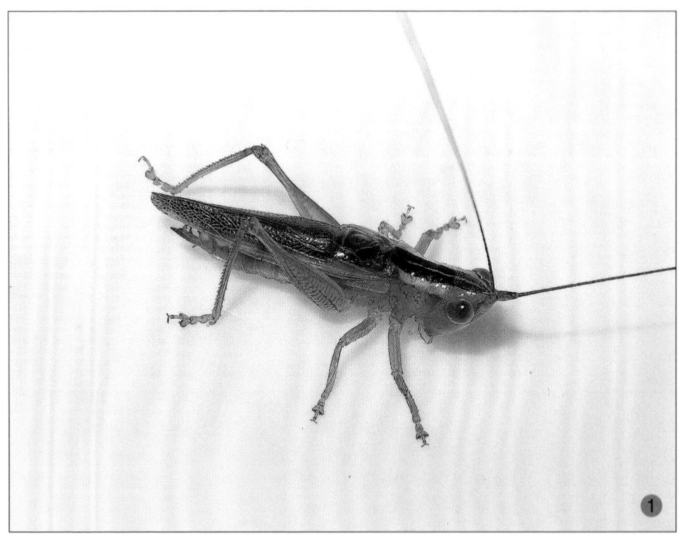

① 雄虫 浙江 杭州 2017 年 9 月
② 雌虫 浙江 杭州 2017 年 9 月

体长 22 ~ 25 mm 的小型小草螽。头部较为斜倾，头顶具 2 条褐色细条纹，复眼粉红色，前胸背板背片中部黑色，两侧白色，前翅黄褐色，其余部分绿色。分布于浙江、广东等地。

二齿草螽 *Conocephalus bidentatus*

① 雄虫 浙江 杭州 2018 年 7 月 ② 雌虫 浙江 杭州 2018 年 7 月

体长 24 ~ 26 mm 的小型小草螽。头部大于或等于前胸背板宽度，前翅稍超出腹部末端。头顶与前胸背板背片深褐色，两侧具浅蓝色条纹，前翅黑色，胫节及跗节褐色，其余部分浅绿色。分布于浙江等地。

梁氏草螽 *Conocephalus liangi*

① 雄虫 浙江 杭州 2018 年 7 月 ② 雌虫 浙江 杭州 2018 年 7 月

体长 25 ~ 28 mm 的中型小草螽。头部明显大于前胸背板，前翅与腹部等长或稍超出。头顶经前胸背板至前翅为浅褐色，其余部分浅绿色，六足跗节与后足胫节褐色。分布于浙江、广东等地。

大草螽 *Conocephalus gigantius*

体长 34 ~ 38 mm，是我国体型最大的小草螽。前翅短于腹部末端，头顶经前胸背板至前翅黑色，后足股节胫节的关节处黑色，其余部分绿色。分布于海南、台湾。

① 雄虫 海南 铜鼓岭 2018 年 8 月
② 雌虫 台湾 新北 2012 年 10 月

比尔锥尾螽 *Conanalus pieli*

① 雌虫 浙江 清凉峰 2017 年 7 月
② 雄虫 浙江 清凉峰 2016 年 8 月

体长约 25 mm 的小型小草螽。头大，复眼大，前翅短小，雄虫腹部末端具 1 个锥状突起，故名；雌虫前翅极小，但产卵器很长。头顶经前胸背板至腹部背面黑色，黑色中间颜色略浅，六足黄色或绿色，其余部分绿色，后足股节与胫节关节处黑色。分布于我国南方各省。

蓝锥尾螽 *Conanalus robustus*

体长 22 ~ 24 mm 的小型小草螽。形态似比尔锥尾螽，雄虫腹部末端的突起分叉。头顶经前胸背板至腹部背面黑色，头侧面及前胸背板侧片蓝色，六足黄褐色。分布于云南。

①雄虫 云南 普洱 2017 年 8 月 ②若虫 云南 普洱 2017 年 8 月

鼻优草螽 *Euconocephalus nasutus*

俗称尖头鬼。体长 35～40 mm 的中型大草螽，是我国最为常见的大草螽。头顶的角明显突出，呈三角形，体色黄色或绿色。城市环境都有分布，叫声似电流声，各种植物上均会栖息。广布于我国各地。

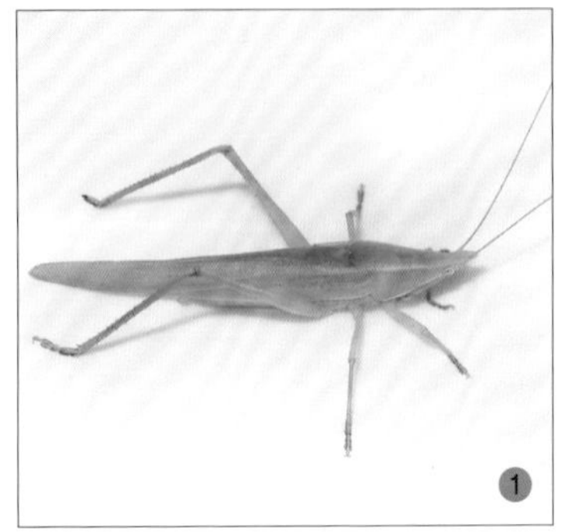

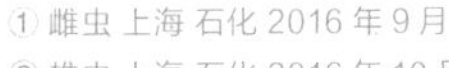

① 雌虫 上海 石化 2016 年 9 月
② 雄虫 上海 石化 2016 年 10 月

光额螽 *Xestophrys* sp.

俗称黑面鬼。体长 30 ~ 33 mm 的小型大草螽。体色棕色，绿色较少见。头顶的刺向前突出，颜面一般较为向下靠。前翅与其他种类相比稍短。秋季成虫，但到次年 4 月鸣叫。分布于浙江、湖南、广东等地。

① 雄虫 浙江 天目山 2010 年 4 月
② 雌虫 浙江 天目山 2010 年 4 月

粗头拟茅螽 *Pseudorhynchus crassiceps*

① 雄虫 浙江 天童山 2012 年 8 月
② 雌虫 上海 崇西 2017 年 7 月

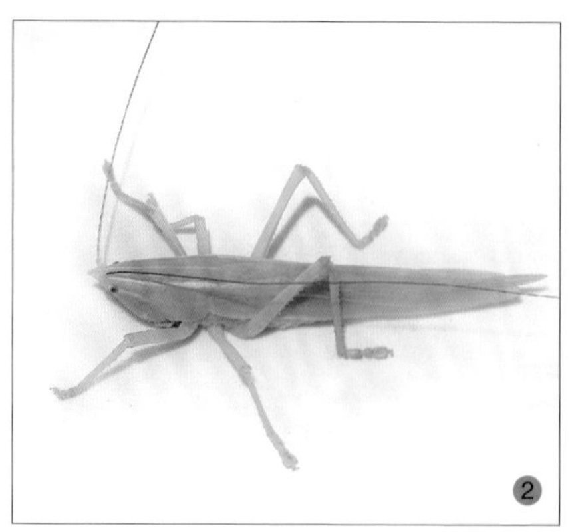

俗称红牙鬼。体长 40 ~ 50 mm，是我国最大的大草螽。头部大而眼小，上颚红色，具一定的攻击性。常生活在芒等植物上。分布于我国南方各省，但数量不多。

黑胫钩额螽 *Ruspolia lineosa*

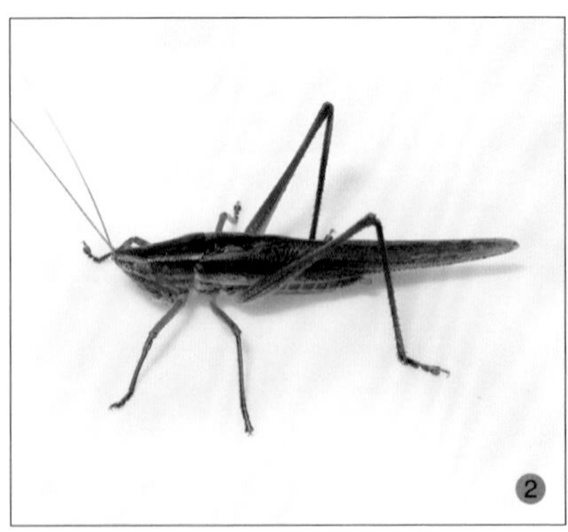

① 雄虫 福建 武夷山 2008 年 8 月
② 雄虫 浙江 白马山 2017 年 9 月

俗称钝头鬼。体长 40 ~ 45 mm 的中型大草螽。头顶的角圆钝，体色有绿色和褐色两种，后足胫节深褐色至黑色，故名。秋季成虫，多在农田附近。广布于我国南方各省。

小锥头螽 *Pyrgocorypha parva*

俗称绿竹鬼，鸣声似沙锤发出的声音。体长 40 ~ 50 mm 的大型大草螽。头顶的刺扁平状。全身绿色，六足全为黄色，或前足明显黄色。广布于我国南方地区。

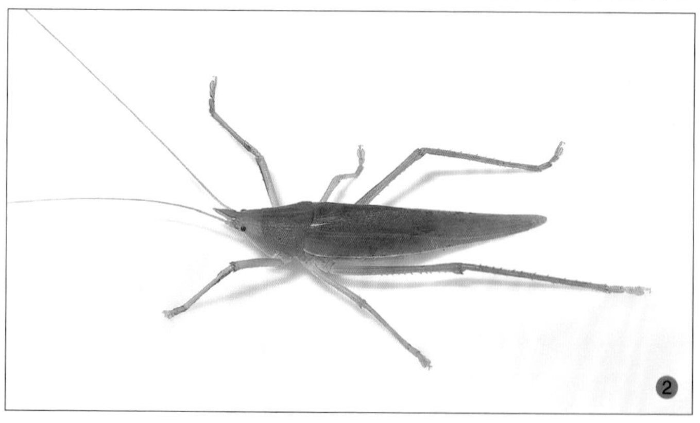

① 雌虫 浙江 天童山 2016 年 7 月　② 雌虫 浙江 白马山 2017 年 9 月

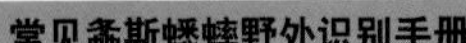

古猛螽 *Palaeoagraecia brunnea*

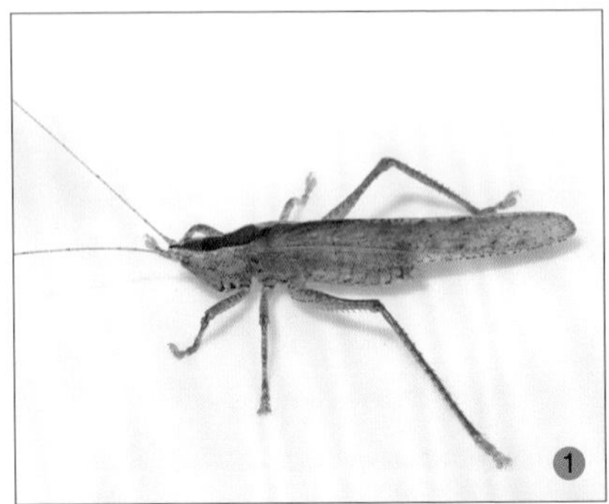

俗称花脸鬼。体长约45 mm的中型角螽。整体狭长，头顶角稍钝圆。体色褐色，从头顶至前胸背板背部具深褐色斑纹，头正面具绿色弧状花纹。分布于广东、海南、云南等地。

①雄虫 广东 车八岭 2018年8月
②雌虫 云南 勐仑 2013年8月

拟辅螽 *Pseudosubria bispinosa*

体长约 35 mm 的小型角螽。头顶尖刺短小。全身黄色，头顶至前胸背板黑色，前翅具黑色小点。分布于云南。

① 雄虫 云南 瑞丽 2018 年 4 月 ② 雌虫 云南 勐仑 2017 年 4 月

缺翅螽 *Anelytra* spp.

① 雄虫 云南 勐仑 2017 年 5 月
② 雄虫 海南 五指山 2018 年 8 月

体长 40 ~ 45 mm 的中型角螽。整体狭长，前翅小，大部分藏在前胸背板下，故名缺翅螽，但雄虫能够发音。种类较多，分布于广东、广西、海南、云南等地。

蒙面螽 *Nahlaksia hainanensis*

体长 30 ~ 35 mm 的小型角螽。体色褐色为主，面部褐色，复眼间黑色，好似蒙面，胫节及翅带绿色，后足胫节中间具 1 段黑斑。前胸背板马鞍形，前翅极小，大部分藏在前胸背板下，但具发音镜。仅分布于海南。

① 雄虫 海南 尖峰岭 2018 年 8 月
② 若虫 海南 三亚 2019 年 3 月

禾螽 *Mesagraecia gorochovi*

体长 35 ~ 40 mm 的中型角螽。体色黄色及绿色。复眼小而突出，前胸背板中间具 1 个黑色刻点，且向后延伸盖住前翅发音镜，前翅端部超过腹部。仅分布于海南。

① 雄虫 海南 尖峰岭 2018 年 8 月 ② 雌虫 海南 黎母山 2018 年 8 月

刺顶螽 *Liara brevis*

体长约 40 mm 的中型角螽。全身黄色为主，上颚黑色，胫节内外侧红绿两色。复眼小但突出，头顶具 1 个小尖刺，前翅短，发音镜明显。仅分布于海南。

雄虫 海南 五指山 2019 年 5 月

似织螽亚科 Hexacentrinae

外形类似小型的螽斯亚科，前足的刺发达，前翅发达，鸣叫声大，一般绿色。产卵器刀状。最常见的种类为普通似织螽，城郊附近均有分布。

普通似织螽 雄虫 云南 勐仑 2013 年 8 月

山地似织螽 *Hexacentrus hareyamai*

① 雄虫 浙江 天目山 2010 年 9 月
② 雌虫 浙江 天目山 2010 年 9 月

也称小纺织娘、小纺。体长 35 ~ 40 mm 的小型似织螽。与普通似织螽相似，头部背面褐色，前胸背板背面具哑铃状褐色斑纹。前中足胫节具长刺，雄虫前翅宽大，好似纺织娘。产卵器长剑状。叫声与普通似织螽不同，具较长的拖音。分布于长江流域。

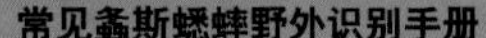

极膨似织螽 *Hexacentrus inflatissimus*

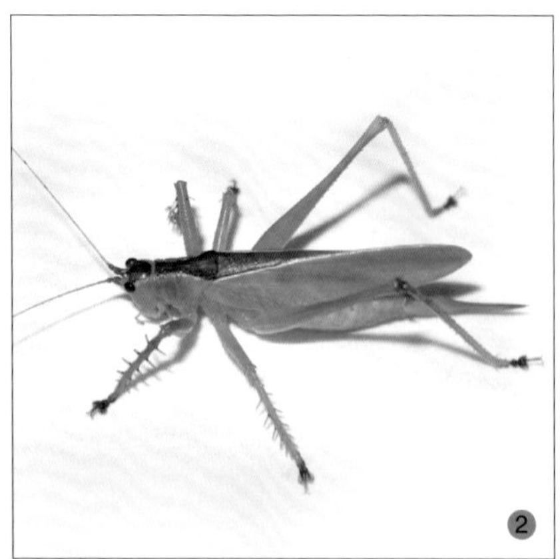

① 雄虫 广西 金秀 2015 年 7 月
② 雌虫 广西 金秀 2015 年 7 月

体长 38 ~ 48 mm 的大型似织螽。雌虫前翅背面褐色。外形同普通似织螽和山地似织螽，但前翅特别宽大，侧面观呈三角形。分布于广西等地。

褐足似织螽 *Hexacentrus fuscipes*

也称球翅似织螽。体长30 ~ 40 mm的小型似织螽。全身褐色，与其他似织螽截然不同。股节端部、胫节及跗节黑色。雄虫前翅中部极度膨大，但末端又合并在一起。分布于近水的农田或芦苇等环境，秋季成虫。分布于浙江、福建、上海、台湾等地。

①雌虫 浙江 庆元 2016年9月
②雄虫 浙江 建德 2016年8月

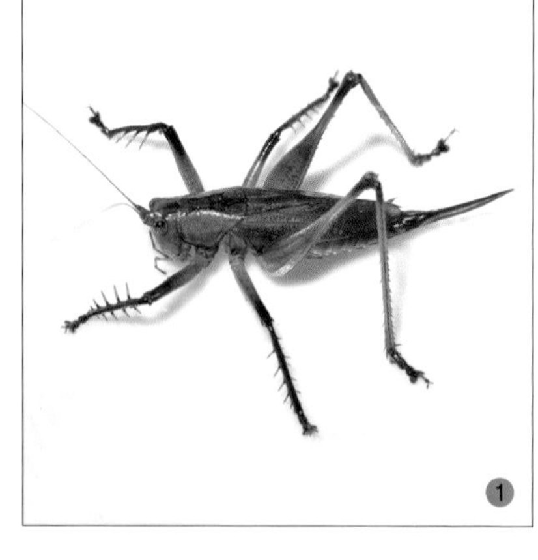

稚螽亚科 Lipotactinae

也称迟螽亚科。体型小，体长约 10 mm，头部相对大，复眼突出，视力敏锐。后足发达，善于跳跃。产卵器弯刀状。中国 6 种，栖息在湿度较高的溪流边林下环境。分布于南方各省。

海南稚螽 雄虫 海南 黎母山 2009 年 8 月

海南稚螽 *Lipotactes laminus*

① 雄虫 海南 五指山 2018 年 8 月 ② 雌虫 海南 五指山 2018 年 8 月

体长约 10 mm 的小型螽斯。全身褐色具黑点，后足股节外侧具黑色条纹。头部大复眼突出。前中足胫节上有刺，善于捕捉其他昆虫。分布于海南。

蝼蛄科 Gryllotalpidae

整体呈长条形，体长 30 ~ 50 mm。前足为挖掘足，生活在地下自己挖掘的隧道中。雄虫会在地下用前翅鸣叫，雌虫不会鸣叫，产卵器退化。多在农田边、浅滩边出现，一般认为取食植物根茎，也有报道取食土壤中其他昆虫或蚯蚓等。

东方蝼蛄 雌虫 台湾 嘉义 2012 年 10 月

东方蝼蛄 *Gryllotalpa orientalis*

我国最常见的蝼蛄种类，体长 35 ~ 40 mm。触角与前胸背板等长，后翅一般发达，具很强的飞行能力及趋光性。除冬季外，全年可见。华北蝼蛄 *G. unispina*（也称单刺蝼蛄）与本种近似，个体更大，后足胫节背面内缘距较少。

雄虫 上海 漕泾 2015 年 9 月

鳞蟋科 Mogoplistidae

小型蟋蟀，体长 0.5 ~ 1.5 cm，头部与身体扁平，尾须长。解剖镜下可见全身覆盖有鳞片，鳞片磨损后露出体表颜色，一般栖息在树干树枝上。

普通奥蟋 左雌右雄 浙江 天童山 2009 年 10 月

普通奥蟋 *Ornebius kanetataki*

① 雄虫 浙江 天童山 2009 年 10 月
② 雌虫 浙江 天童山 2009 年 10 月

也称凯纳奥蟋。体长 7 ~ 8 mm。雄虫前胸背板红褐色至褐色，前翅灰色至棕色，尾须相对其他近缘种较短，雌虫无翅。分布于我国华东、华北大部分地区。

锤须奥蟋 *Ornebius fuscicerci*

体长 8 ~ 11 mm。雄虫前胸背板黑色，外围白色，前翅红棕色，腹部背面具白色横条纹，尾须较长，大部分黑色，尖端白色。雌虫前胸背板较短，棕色，无翅。分布于福建、海南、台湾等地。

① 雌虫 海南 铜鼓岭 2018 年 8 月
② 雄虫 海南 铜鼓岭 2018 年 8 月

双痣奥蟋 *Ornebius bimaculatus*

也称双斑奥蟋。体长 9 ~ 11 mm。前胸背板橙色，前翅很短，具 2 个黑色小圆点，尾须相对较短。分布于广东、海南、台湾等地。

① 雄虫 海南 铜鼓岭 2018 年 8 月 ② 雄虫 广东 深圳 2016 年 10 月

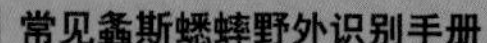

金奥蟋 *Ornebius formosanus*

① 雄虫 海南 尖峰岭 2018 年 8 月
② 雄虫 浙江 九龙山 2016 年 9 月

也称台湾奥蟋。体长 9 ~ 12 mm。前胸背板褐色，前翅棕色，后足股节中部具 1 块不明显的白色斑块，尾须相对长。可能具多个地理亚种，鸣声不同。分布于福建、海南、广东、广西、台湾、浙江等地。

多毛奥蟋 *Ornebius polycomus*

因六足、腹部、尾须具很多长毛而得名。体长 9 ~ 12 mm。体色棕色，全身具不规则黑色斑块，前翅棕色，具数个黑色斑，尾须黑白交错。分布于海南、福建、浙江等地。

① 雄虫 浙江 百山祖 2016 年 9 月
② 雌虫 浙江 百山祖 2016 年 9 月

熊猫奥蟋 *Ornebius panda*

① 雄虫 广西 靖西 2019 年 4 月 ② 雌虫 广西 靖西 2019 年 4 月

因前翅黑白两色，故得名。体长约 9 mm。前胸背板红褐色，前翅大部分浅色，后半部渐变为黑色，尾须相对短。仅分布于广西南部地区。

蚁蟋科 Myrmecophilidae

体型微型，体长一般不超过 3 mm，身体接近椭圆形。常见于蚁巢附近，主要与弓背蚁、毛蚁、捷蚁、铺道蚁等共生或寄生。目前暂无人研究该类群，多样性状况不明。

蚁蟋 雌虫 上海 南桥 2020 年 3 月（余之舟 摄）

蚁蟋 *Myrmecophilus* sp.

体长不足 5 mm。整体浅褐色，雌雄均无翅，复眼退化，不明显，后足粗短，两尾须呈一直线。分布于上海。主要与草地铺道蚁共生。

雌虫 上海 青村镇 2019 年 9 月（宋晓斌 摄）

蟋蟀科 Gryllidae

本科包含了大部分典型的蟋蟀类群，其中的蟋蟀亚科是人们最为熟悉的蟋蟀，包括中华斗蟋、棺头蟋、油葫芦等。各个亚科特征图见下。体长根据 20 mm 以下，20 ~ 30 mm，30 mm 以上分为小、中、大 3 类。

蟋蟀亚科 Gryllinae

兰蟋亚科 Landrevinae

额蟋亚科 Itarinae

距蟋亚科 Podoscirtinae

纤蟋亚科 Euscyrtinae

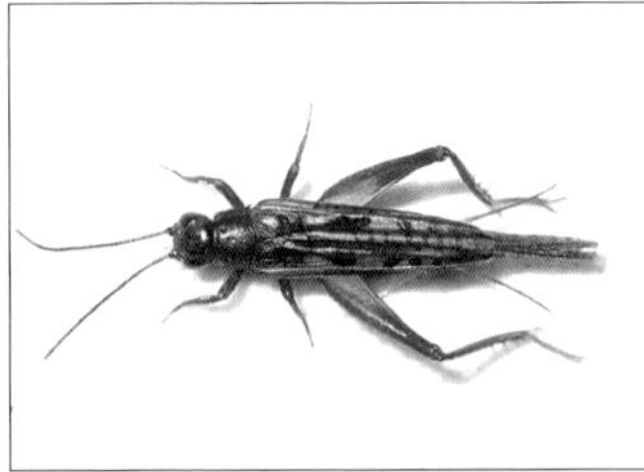

长蟋亚科 Pentacentrinae

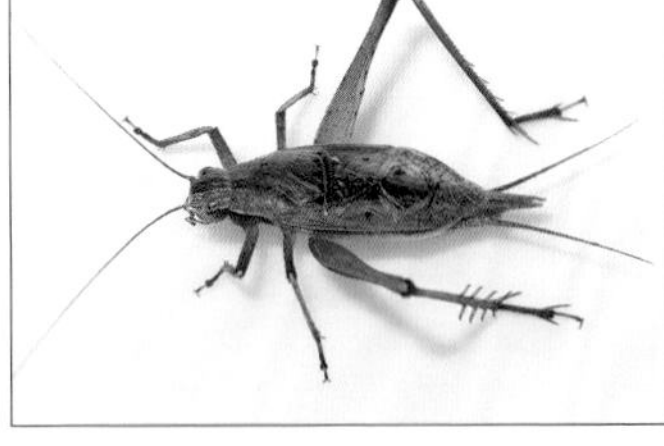

蛣蟋亚科 Eneopterinae

树蟋亚科 Oecanthinae

蟋蟀亚科 Gryllinae

体型小至大型。头部较大，半圆形，身体圆筒状，右翅在上，大部分种类善于鸣叫。多秋季成虫，栖息在地面的落叶下、土缝石缝中。雌虫产卵器细长似针。

斗蟋属 *Velarifictorus*

油葫芦属 *Teleogryllus*

大蟋属 *Tarbinskiellus*

棺头蟋属 *Loxoblemmus*

哑蟋属 *Goniogryllus*

姬蟋属 *Svercacheta*

南方姬蟋属 *Modicogryllus*

素蟋属 *Mitius*

铁蟋属 *Sclerogryllus*

小蟋属 *Comidoblemmus*

南蟋属 *Vietacheta*

蟋蟀属 *Gryllus*

漠蟋属 *Melanogryllus*

特蟋属 *Turanogryllus*

音蟋属 *Phonarellus*

灶蟋属 *Gryllodes*

中华斗蟋 *Velarifictorus micado*

也称迷卡斗蟋、蛐蛐、蟋蟀、促织，财积、斗蟋。体长20 ~ 24 mm的中型蟋蟀。它是最为著名的斗蟋。头部背面具数条白色纵条纹，单眼间有白条纹连接。雌雄脸部正面的条纹不同。北方地区秋季成虫，南方有夏季成虫的种群。分布于除新疆、西藏、内蒙古外的大部分地区。

①雌虫 浙江 九龙山 2019年5月
②雄虫 上海 崇西 2017年9月

丽斗蟋 *Velarifictorus ornatus*

① 雄虫 福建 三明 2008 年 8 月
② 雌虫 浙江 九龙山 2019 年 5 月

体长 18 ~ 20 mm 的小型蟋蟀。外形相比中华斗蟋稍小，单眼间无白条纹连接，或很不明显。后足胫节短于股节。夏季成虫。分布于我国南方大部分地区。灵斗蟋 *Velarifictorus agitatus* 指名亚种在我国陕西分布，外形与丽斗蟋十分类似，但秋季成虫。

长颚斗蟋 *Velarifictorus aspersus*

① 雄虫 上海 江湾 2008 年 9 月
② 雄虫 浙江 天目山 2010 年 9 月

也称老咪、猴子。体长 19 ~ 26 mm 的中型蟋蟀。外形与中华斗蟋相似，复眼间具白色横条纹。头部背面一般前部深色、后部淡色，区分明显。雄虫大型个体上颚特别发达。长江以北地区秋季成虫，长江以南地区除冬季外均有成虫。广布于我国各地。

黄脸油葫芦 *Teleogryllus emma*

体长 30 ~ 36 mm 的大型蟋蟀。若虫黑色，背面具 1 个白色横条纹，大龄若虫该条纹清晰。成虫复眼内侧具浅色条纹，叫声婉转多变。栖息在城市内各环境中，秋季成虫。此外，也有人工驯化品种，复眼红色、黄色，体色也有全黑或黄色等。分布于我国长江以北地区。

① 若虫 上海 长风公园 2009 年 6 月
② 雄虫 浙江 天童山 2008 年 8 月

黑脸油葫芦 *Teleogryllus occipitalis*

体长 30 ~ 35 mm 的大型蟋蟀。外形非常类似黄脸油葫芦，足黑色，产卵器相对短。若虫背面白色条纹随着蜕皮逐渐模糊。叫声单调，没有明显的前后两段差异。春夏季成虫。分布于我国长江以南地区。

① 雌虫 云南 楚雄（人工饲养）
② 雄虫 台湾 南投 2012 年 10 月

南方油葫芦 *Teleogryllus mitratus*

也称竹蟋、两广油葫芦。体长 35 ~ 40 mm 的大型蟋蟀。后足比其他油葫芦种类长。体色棕色至红色，复眼内侧条纹很细。广布于我国长江以南地区。

① 雄虫 台湾 大汉山 2012 年 10 月 ② 雄虫 海南 铜鼓岭 2009 年 8 月

北方油葫芦 *Teleogryllus infernalis*

①雄虫 吉林 磐石 2016 年 8 月 ②雌虫 吉林 磐石 2016 年 8 月

也称银川油葫芦。体型在油葫芦属中较小，体长 25 ~ 30 mm 的中型蟋蟀。复眼内侧条纹不明显，有时呈斑点状。产卵器相对较长。分布于宁夏、甘肃、山东、辽宁、吉林、黑龙江等北方地区。

污褐油葫芦 *Teleogryllus derelictus*

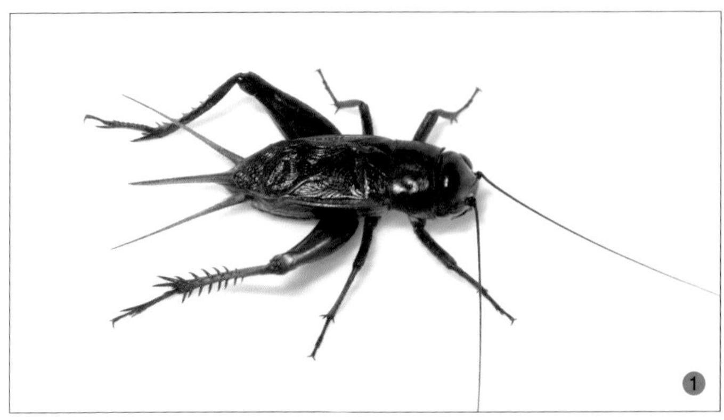

① 雄虫 云南 保山 2018 年 4 月 ② 雌虫 云南 保山 2018 年 4 月

也称灰眼油葫芦。体长 35 ~ 40 mm 的大型蟋蟀。黑褐色，头部前部浅棕色，复眼灰色。其他形态同其他油葫芦。主要分布于云南、广西、海南等地。

花生大蟋 *Tarbinskiellus portentosus*

国内最大的蟋蟀，体长 40 ~ 45 mm。体色黄褐色，后足胫节较短。掘土挖洞，在地下生活，取食花生等植物时会咬断根茎，将整个植物拖入洞中。白天会将洞口用土块封闭，傍晚开始在洞口鸣叫。鸣声持续且响亮，甚至刺耳。分布于福建、广东、广西、云南、海南、台湾等地。

①雄虫 海南 尖峰岭 2009 年 7 月 ②③雌虫 台湾 嘉义 2012 年 10 月

大棺头蟋 *Loxoblemmus doenitzi*

也称多伊棺头蟋。体长25 ~ 28 mm的中型蟋蟀。雄虫头部正面平截，好似棺材的截面，故名。雌虫头部稍微扁平。后翅发达善于飞翔，但会脱落。若虫头部黄色，触角黑白两色。属常见蟋蟀，尤其在城市中为优势种。分布于我国华北、华中、华东、华南等。

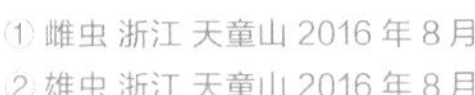

① 雌虫 浙江 天童山 2016 年 8 月
② 雄虫 浙江 天童山 2016 年 8 月

小棺头蟋 *Loxoblemmus equestris*

也称石首棺头蟋。较大棺头蟋，体型较小，体长 22 ~ 23 mm 的中型蟋蟀。雄虫头部平截，触角基部具突出的小尖角。雌虫头部较小，稍平截。后翅为长翅型，但易脱落。大龄若虫触角全部褐色，与大棺头蟋不同，但与斗蟋若虫不易区分。分布于我国华北、华中、华东、华南等。

① 雌虫 浙江 丽水 2017 年 7 月
② 雄虫 上海 漕泾 2016 年 10 月

垂角棺头蟋 *Loxoblemmus appendicularis*

① 雄虫 云南 景谷 2017 年 8 月
② 雌虫 云南 普洱 2017 年 9 月

也称尖角棺头蟋、附突棺头蟋。体长 15 ~ 24 mm 的中型蟋蟀，雄虫体型大小差异很大。大个体雄虫复眼下的突起发达，并弯曲向下，触角基部具明显的片状突起；小个体雄虫头部的突起不发达，触角基部的突起不明显，似雌虫。大部分个体后翅不发达。雌虫前翅短，不到腹部一半长度。广布于我国南方各省。

刻点哑蟋 *Goniogryllus punctatus*

① 雄虫 浙江 天目山 2017 年 6 月
② 雌虫 浙江 天目山 2017 年 6 月

体长 20 ~ 23 mm 的中型蟋蟀。全身黑色，具光泽，复眼内侧具浅色条纹，有时延伸至前胸背板两侧。雌雄均无翅，不会鸣叫。该属均生活在高海拔地区，多样性较高。广布于我国秦岭以南高海拔地区。

长翅姬蟋 *Svercacheta siamensis*

也称小悍蟋、飞亭。体长约 20 mm 的小型蟋蟀，比中华斗蟋略小。头部黑色，复眼间具白色细条纹。前翅较为狭长，后翅发达，少数会脱落。华东华北地区一年两代（春季及秋季），若虫在石块缝隙中过冬。一般栖息在农田、城市等。分布于我国大部分地区。

① 雌虫 浙江 古田山 2019 年 5 月
② 雄虫 云南 保山 2018 年 4 月

南方姬蟋 *Modicogryllus consobrinus*

体长 18 ~ 20 mm 的小型蟋蟀。与长翅姬蟋类似，但体色较浅，后翅发达或不发达均有，雌虫产卵器稍短。分布于我国南方各省。

①雄虫 海南 昌江 2018 年 8 月 ②雌虫 海南 昌江 2018 年 8 月

南方素蟋 *Mitius enatus*

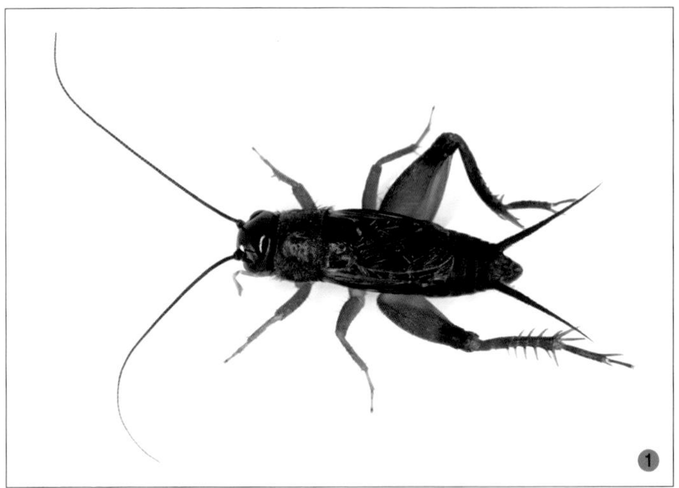

① 雄虫 海南 霸王岭 2019 年 3 月
② 雌虫 福建 武夷山 2019 年 5 月

也称酱油蟋蟀。体长 17 ~ 20 mm 的小型蟋蟀。体色黑色为主，六足褐色，后足股节端部黑色。广布于我国南方各省的城市绿化带等。有近似种小素蟋 *M. minor*，后足股节全部黄色，主要分布于我国华东地区及日本、韩国等。

刻点铁蟋 *Sclerogryllus punctatus*

① 雄虫 海南 三亚 2019 年 3 月
② 雌虫 海南 尖峰岭 2018 年 8 月

体长 16 ~ 19 mm 的小型蟋蟀。体色黑色为主，触角黑色，具 1 段白环，前胸背板具明显的刻点。六足胫节黄色。常栖息于朽木旁或落叶堆等。广布于我国南方各省。

小蟋 *Comidoblemmus* spp.

体长 11 ~ 13 mm 的小型蟋蟀，是国内蟋蟀亚科中最小的种类，和大型的针蟋大小近似。复眼间具白色横线，头部背面前部黑色，后部黄色。一般为短翅型，偶见长翅型个体。分布于我国南方各省，不同地区种类不同，但外形基本相似。

①雌虫 浙江 古田山 2018 年 10 月
②雄虫 海南 尖峰岭 2018 年 9 月

沥色南蟋 *Vietacheta picea*

也称冥蛉。体长 22 ~ 25 mm 的中型蟋蟀。体色黑色，雄虫前翅发达，覆盖整个腹部，后翅发达个体善于飞行。若虫越冬，一般 6 月成虫，7 月产卵后陆续死亡。分布于我国南方各省。

① 雌虫 浙江 九龙山 2019 年 5 月
② 雄虫 浙江 天童山 2016 年 6 月

双斑蟋 *Gryllus bimaculatus*

也称花镜、画镜。体长 30 ~ 35 mm 的大型蟋蟀。全身乌黑发亮，前翅基部具 2 个黄斑，也有少数个体前翅均为黄色，六足淡色。叫声响亮尖锐，有时刺耳。生命力强，易繁殖，作为饲料被广泛饲养。广布于我国南方各省。

① 雄虫 云南 昆明 2016 年 9 月 ② 雌虫 云南 昆明 2016 年 9 月

沙漠黑蟋 *Melanogryllus desertus*

① 雄虫 新疆 乌鲁木齐 2019 年 9 月
② 雌虫 新疆 乌鲁木齐 人工饲养

体长 20 ~ 22 mm 的中型蟋蟀。体色黑色，雌虫产卵器较长。夏季成虫，若虫过冬，一年一代。分布于新疆、甘肃、宁夏等地。

红背特蟋 *Turanogryllus rufoniger*

① 雌虫 云南 纳板河 2017 年 5 月 ② 雄虫 云南 纳板河 2017 年 5 月

体长 21 ~ 24 mm 的中型蟋蟀。体色黑色，六足黄色，前胸背板具红色斑。雌虫前翅不发达，产卵器很长。一般栖息在草坪等。分布于广东、广西、云南、海南等地。

灶蟋 *Gryllodes sigillatus*

体长 21 ~ 26 mm 的中型蟋蟀。身体扁平，雄虫前翅较短，端部平截，雌虫前翅退化。也有长翅型个体，后翅发达，可以飞行。常生活在农村地区，特别是灶边的柴堆中。广布于我国南方各省。

① 雌虫 云南 景谷 2017 年 8 月
② 雄虫 云南 西双版纳 2018 年 3 月

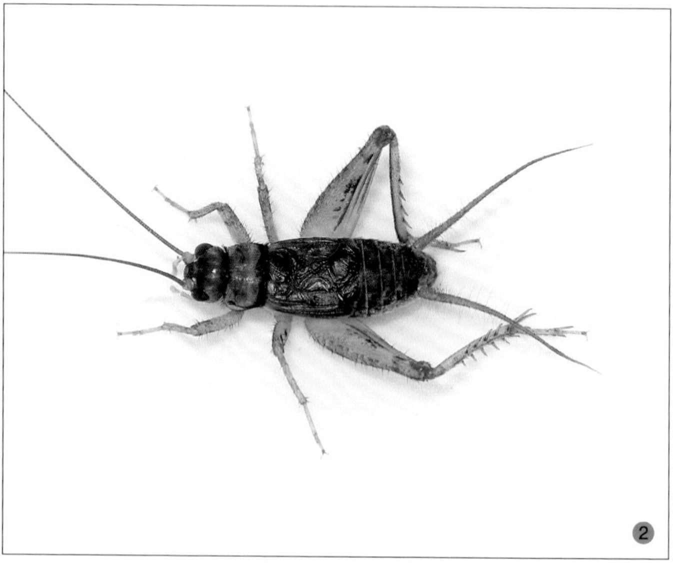

小音蟋 *Phonarellus minor*

① 雄虫 广东 惠阳 2016 年 10 月
② 雌虫 海南 尖峰岭 2014 年 6 月

也称红牡丹。体长 20 ~ 23 mm 的中型蟋蟀。触角黑色，具 1 段白环，头部及六足红色，前胸背板、前翅及后足股节端半部黑色，尾须黑白两色。分布于云南、广西等地。

兰蟋亚科 Landrevinae

体型中型，外形接近蟋蟀亚科。翅膀较短，栖息在树皮上。交配时雄虫竖起前翅。广布于我国南方各省。

普通幽兰蟋 雄虫 浙江 天童山 2009 年 9 月

普通幽兰蟋 *Duolandrevus dendrophilus*

也称树皮蟋蟀、香港幽兰蟋。体长约 30 mm。身体扁平，头部圆球形，前翅端部平截，常见活动于森林的树皮树干上。具多种近缘种，外形不易区分，但叫声不同。广布于我国南方各省。

①雌虫 广西 弄岗 2019 年 5 月
②雄虫 浙江 天童山 2009 年 9 月

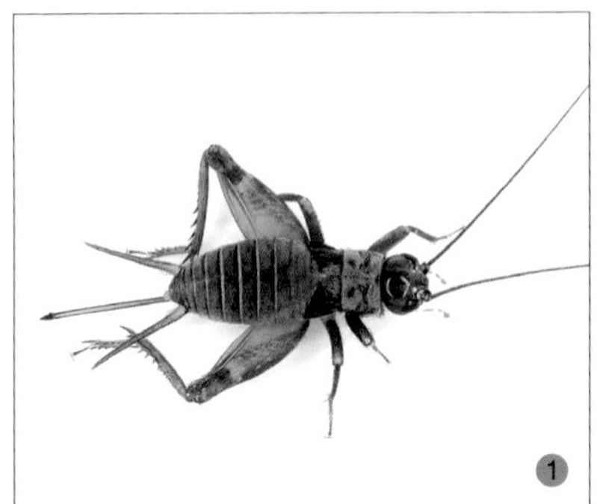

黑曜幽兰蟋 *Duolandrevus obsidianus*

体长约 30 mm。外形与普通幽兰蟋类似，但全身黑色，具光泽，产卵器较短。鸣声的每一声持续时间较长。分布于广西。

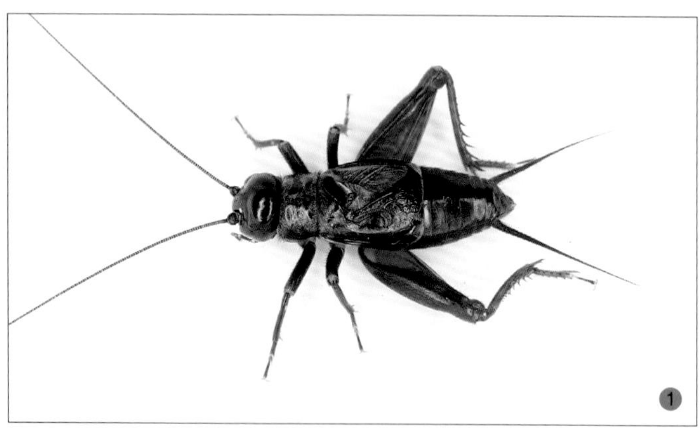

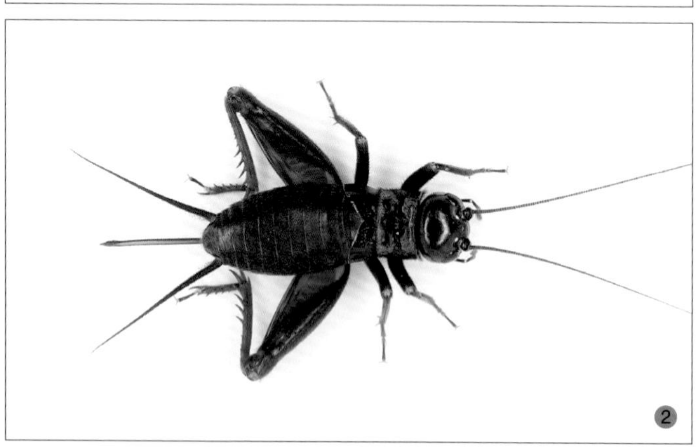

①雄虫 广西 靖西 2019 年 4 月　②雌虫 广西 靖西 2019 年 4 月

额蟋亚科 Itarinae

体型中型。头部相对小，前翅宽大，叫声响亮。若虫地栖性，一般掘土筑巢过冬，多春季成虫，栖息在低矮灌木或草上。若虫时期与幽兰蟋、拟额蟋的若虫相似，演化关系上也近缘。

大额蟋 雄虫 马来西亚 亚庇 2020 年 2 月

宽膜额蟋 *Itara aperta*

① 雄虫 云南 西双版纳 2017 年 4 月
② 雌虫 云南 西双版纳 2017 年 4 月

体长 26 ~ 28 mm 的中型蟋蟀，整体黄褐色或棕色。头小，前翅宽大，后翅发达，善于飞行。若虫常栖息于石缝，夜晚爬行觅食。广布于我国云南西双版纳及广西西部。

小额蟋 *Itara minor*

体长24 ~ 28 mm的中型蟋蟀。与前者类似，但后翅不发达。此种叫声为“一下一下”之间有间隙，而前者为连续声。分布于云南。

① 雄虫 云南 普洱 2017年4月 ② 雌虫 云南 芒市 2017年4月

褐拟长蟋 *Parapentacentrus* sp.

体长 21 ~ 24 mm 的中型蟋蟀。体色褐色或黑色，整体狭长。雄虫无发音器，但前翅基部稍宽，后足具黑白色条纹，尾须黑白两色。后翅发达，善于飞行。若虫后足黑白相间，形态似蟋蟀亚科。4—6 月成虫，易于灯诱采集。广布于我国南方各省。

① 雌虫 湖南 怀化 2018 年 4 月
② 雄虫 浙江 天童山 2009 年 5 月

距蟋亚科 Podoscirtinae

体型小型至大型。头小而前翅大，类似额蟋，但一般翅前后等宽。

台湾片蟋 雄虫 台湾 大汉山 2012 年 10 月

长须蟋 *Aphonoides* spp.

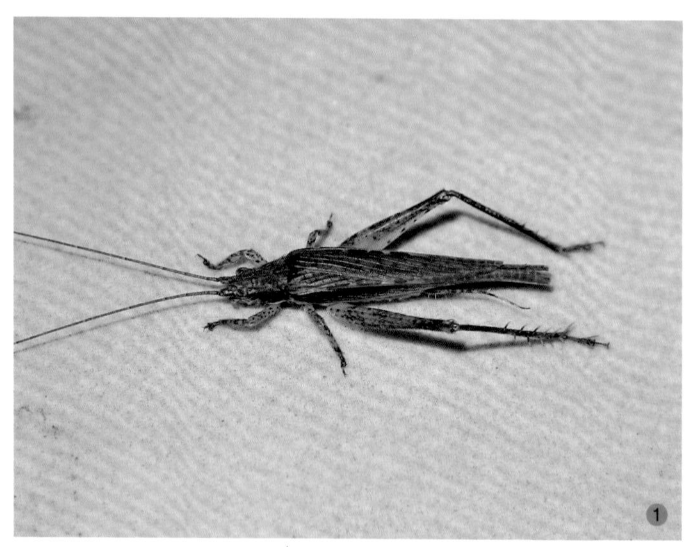

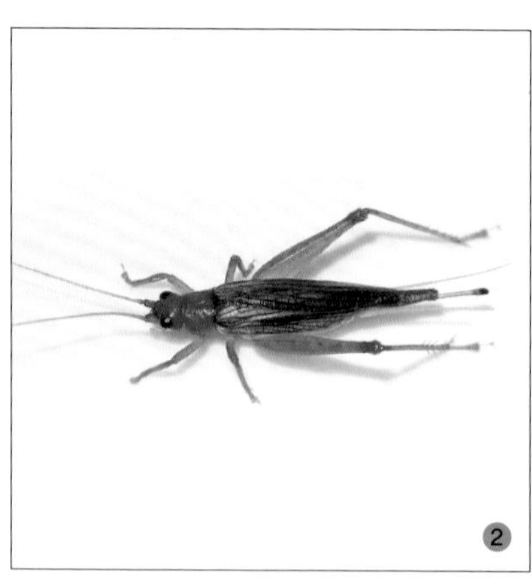

① 雄虫 云南 望天树 2017 年 5 月
② 雌虫 云南 普洱 2017 年 5 月

体长 20 mm 的中型蟋蟀。体色红色至深褐色不等，雄虫前翅同雌虫，无发音器。后翅发达，具很强的趋光性。多样性很高。广布于我国南方各省。

片蟋 *Truljalia* spp.

体长约 25 mm 的中型蟋蟀。体色绿色，像一片绿叶，故名。头部两侧经前胸背板至前翅具 2 条黄线。国内有 10 余种，外形极为相似，不易区分，但鸣声各不相同。秋季成虫。分布于我国南方各省。

① 雌虫 浙江 天目山 2010 年 9 月
② 雄虫 广西 金秀 2015 年 7 月

平背叶蟋 *Phyllotrella planidorsalis*

体长 20 ~ 23 mm 的中型蟋蟀。前胸背板上具 1 对黑点。与片蟋相似，但体型稍小。分布于海南、广西、广东等地。

① 雄虫 海南 尖峰岭 2009 年 7 月 ② 雄虫 广西 金秀 2015 年 7 月

双色扩胫蟋 *Mnesibulus bicolor*

体长 16 ~ 18 mm 的小型蟋蟀。头胸及六足黑色，前翅红褐色，后足股节黑白相间。分布于我国南方各省，但数量较少。

① 雄虫 贵州 荔波 2015 年 8 月 ② 雌虫 海南 尖峰岭 2009 年 7 月

尖角茨尾蟋 *Zvenella acutangulata*

体长 25 ~ 30 mm 的大型蟋蟀。全身棕色，前胸背板背片深色而侧片浅色，前翅具 5 个白色斑。我国 6 种外形接近，主要分布于广东、广西、海南、云南等地。

① 雄虫 海南 尖峰岭 2009 年 7 月
② 雄虫 云南 保山 2018 年 4 月

啼蟋 *Trelleora* spp.

① 雄虫 云南 普洱 2017 年 4 月
② 雌虫 云南 瑞丽 2018 年 4 月

体长 30 ~ 33 mm 的大型蟋蟀。前翅黄褐色，无白色斑。外形接近茨尾蟋，但体型稍大。我国有记录 3 种，均分布于云南。

大隐蟋 *Sonotrella major*

体长 35 ~ 45 mm 的大型蟋蟀。头胸前翅背面褐色，六足黄色。若虫触角黑白两色，后足股节多具黑色小点。分布于云南。

① 雄虫 云南 勐仑 2017 年 6 月 ② 若虫 云南 勐仑 2013 年 8 月

五彩蟋 *Valiatrella sororia*

也称姊妹维蟋。体长 22 ~ 25 mm 的中型蟋蟀。颜色最为鲜艳的种类。头部红色，前胸背板黑色与黄色组成，前翅包括绿色与棕色。该属其他种类颜色也较为鲜艳。分布于浙江、贵州、云南、湖北、湖南等地。

① 雌虫 浙江 百山祖 2016 年 9 月
② 雄虫 浙江 百山祖 2008 年 9 月

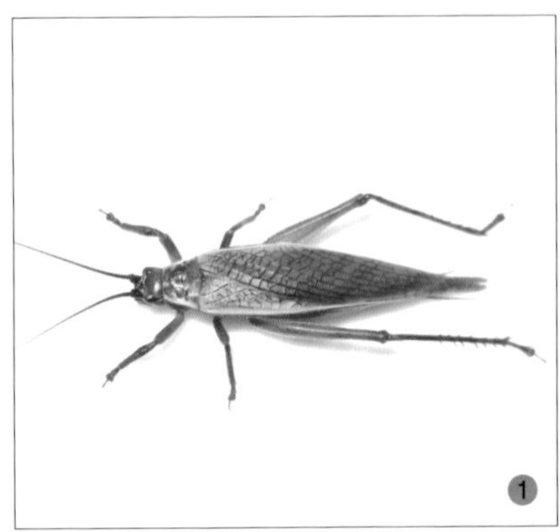

纤蟋亚科 Euscyrtinae

体型小至中型，身体纤弱，一般黄棕色，腹部狭长，前翅不能发音，主要取食禾本科植物。

贝蟋 上雌下雄 云南 勐仑 2013 年 7 月

长额蟋 *Patiscus cephalotes*

① 雌虫 台湾 惠荪 2012 年 10 月
② 上雌下雄 浙江 天目山 2010 年 9 月

体长 25 ~ 29 mm 的中型蟋蟀。头大，近似四边形，具深浅交错的纵线，雄虫前翅无发音镜。雌虫交配时会取食雄虫后胸背腺分泌物。分布于南方各省。

贝蟋 *Beybienkoana* spp.

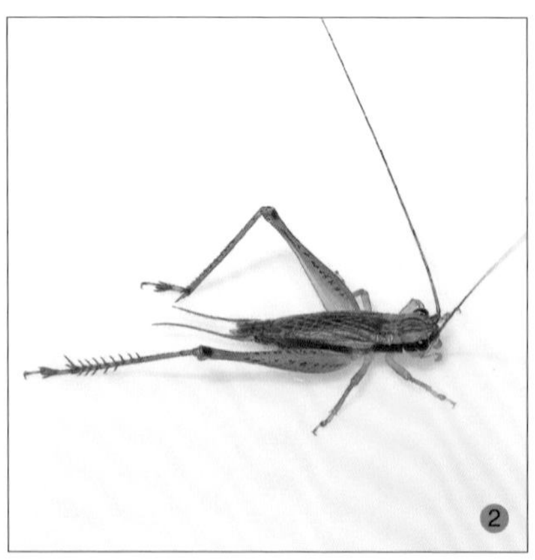

① 雄虫 海南 七仙岭 2009 年 7 月
② 雄虫 海南 黎母山 2018 年 8 月

体长约 20 mm 的小型蟋蟀。头部自复眼至前胸背板具黑色条纹。雄虫前翅无发音镜，雌虫交配时取食雄虫后胸背腺分泌物。取食禾本科叶片后，常留下窗型缺口。种类多样。广布于我国南方各省。

长蟋亚科 Pentacentrinae

小型蟋蟀，体狭长，体色黑褐色，触长具 1 段白环，头前倾。后翅发达，具有很强的趋光性。

长蟋 雄虫 广西 猫儿山 2015 年 7 月

长蟋 *Pentacentrus* spp.

体型狭长，体长 14 ~ 16 mm 的小型蟋蟀。触角黑色，具 1 个白环，头顶扁平，前翅稍宽于前胸背板，雌雄前翅相似，无发音器。野外不易发现，均是夜晚趋光而来。种类多样。广布于我国南方各省。

① 雌虫 海南 尖峰岭 2009 年 7 月
② 雄虫 广西 金秀 2015 年 7 月

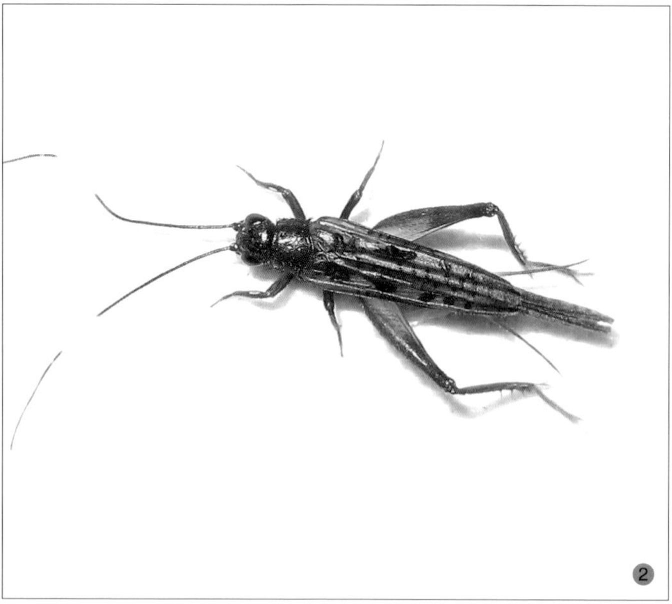

蛣蟋亚科 Eneopterinae

体型中至大型，头部较大，后足发达，行动敏捷，栖息在灌丛上。雌虫产卵器细长似针。

云斑金蟋 雄虫 浙江 天童山 2009 年 9 月

云斑金蟋 *Xenogryllus marmoratus*

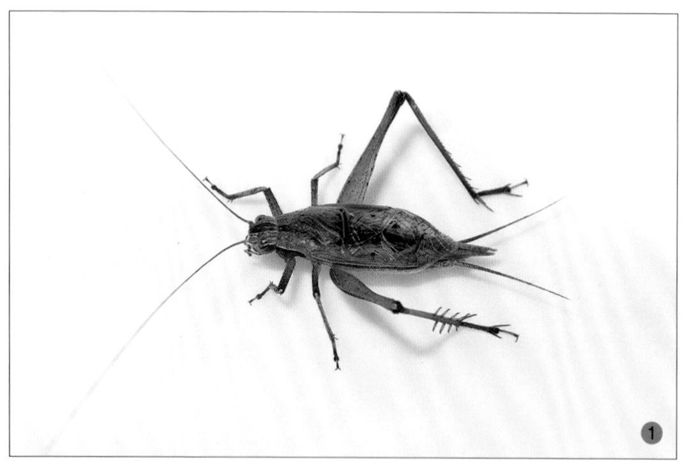

① 雄虫 浙江 杭州 2017 年 9 月
② 雌虫 上海 崇西 2017 年 9 月

也称宝塔蛉、金琵琶。体长 25 ~ 28 mm 的中型蟋蟀。体色黄褐色，头部中间具 1 条黑色纵条纹，复眼较小，后翅宽大，具数个黑色斑纹。多栖息在枝叶交错的隐蔽之处。秋季成虫，叫声悦耳动听。国内还有 2 种（悠悠金蟋和大金蟋）近似种，三者外形近似，但鸣声不同。分布于我国南方各省。

弯脉螽 *Cardiodactylus guttulus*

也称黄斑钟蟋蟀。体长 28 ~ 32 mm 的大型蟋蟀。头大，前胸背板背面杂色，前翅黑褐色，具数个不规则黄色斑。在海南及台湾大量发生，其他地区暂无报道。广布于海南、台湾。

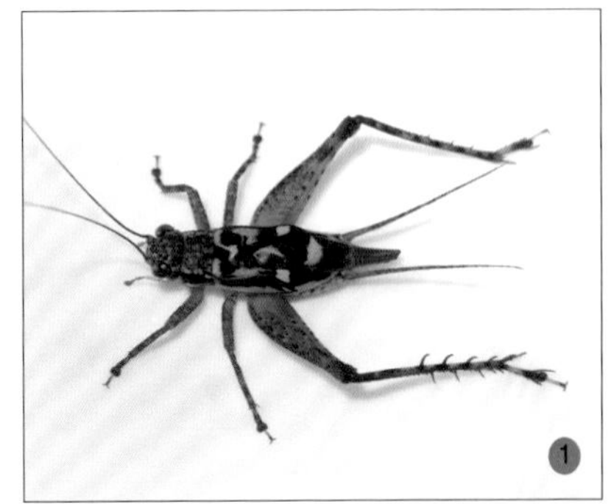

① 雄虫 海南 铜鼓岭 2018 年 8 月
② 雌虫 海南 铜鼓岭 2009 年 8 月

树蟋亚科 Oecanthinae

体型小型，头部狭长，口器向前，身体纤弱。会在植物上啃咬一个小洞，或利用植物与自身成一定角度，使其声音更好地传向远方。

斑角树蟋 雄虫 台湾 崁头山 2012 年 10 月

青树蟋 *Oecanthus euryelytra*

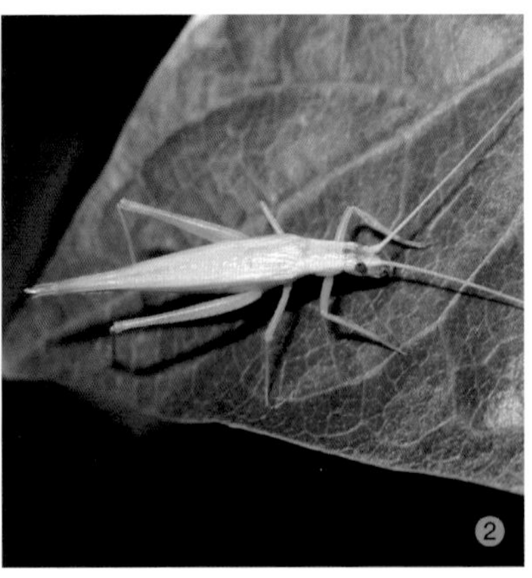

① 雄虫 浙江 宁波 2008 年 8 月
② 雌虫 上海 漕泾 2016 年 8 月

俗称青竹蛉。体长 15 ~ 18 mm 的小型蟋蟀。身体纤弱，与其他种类蟋蟀不同。口器向前，前胸背板长大于宽。前翅透明，叫声响亮。雌虫产卵器短。主要分布于农田边等，叫声“一声一声”，类似中华斗蟋。广布于我国黄河流域以南地区。

长瓣树蟋 *Oecanthus longicauda*

俗称紫竹蛉。体长 18 ~ 20 mm 的小型蟋蟀。与青树蟋类似，但腹部黑色，有些个体腹部背面也具 2 个黑色条纹，雌虫产卵器明显较长。鸣声为连续的“嘟嘟嘟”。分布于我国各地。

① 雄虫 陕西 旬阳坝 2010 年 8 月 ② 雌虫 陕西 旬阳坝 2010 年 8 月

相似树蟋 *Oecanthus similator*

俗称青哨。体长 15 ~ 17 mm 的小型蟋蟀。与青树蟋相似，但前翅稍窄，叫声又与长瓣树蟋相似，为连续的“嘟嘟嘟”，但腹部非黑色，故名。多见于泡桐叶上。广布于我国南方各省。

① 雄虫 浙江 杭州 2017 年 9 月 ② 雄虫 浙江 天童山 2009 年 9 月

丽树蟋 *Xabea levissima*

体长 15 ~ 16 mm 的小型蟋蟀。触角黄色，基部黑色，头卵圆形，后部黑色，前胸背板狭长，杂色，前翅具褐色条纹。栖息在高大的树木叶片上。分布于海南、云南等地。

① 雌虫 海南 尖峰岭 2019 年 3 月
② 雄虫 海南 尖峰岭 2019 年 3 月

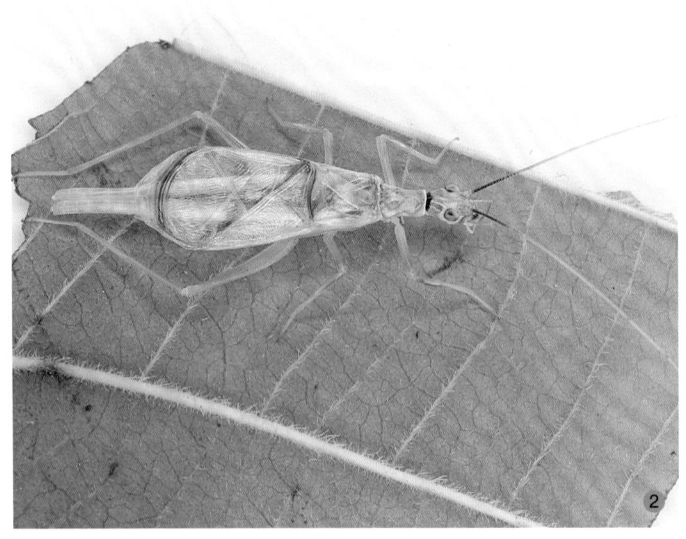

蛛蟋科 Phalangopsidae

体型中型，头小，六足细长，有些南美的种类远观像蜘蛛。多栖息在朽木附近。国内主要包括亮蟋、钟蟋等。

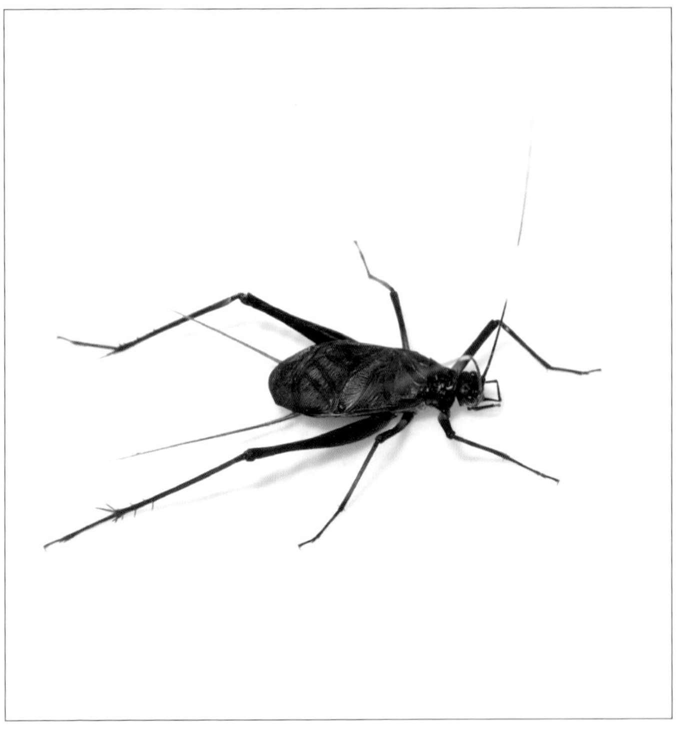

云南钟蟋 雄虫 云南 那邦 2019 年 8 月

比尔亮蟋 *Vescelia pieli*

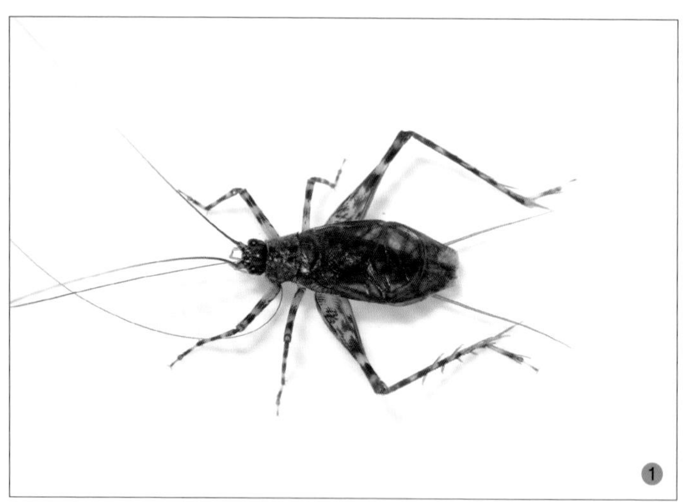

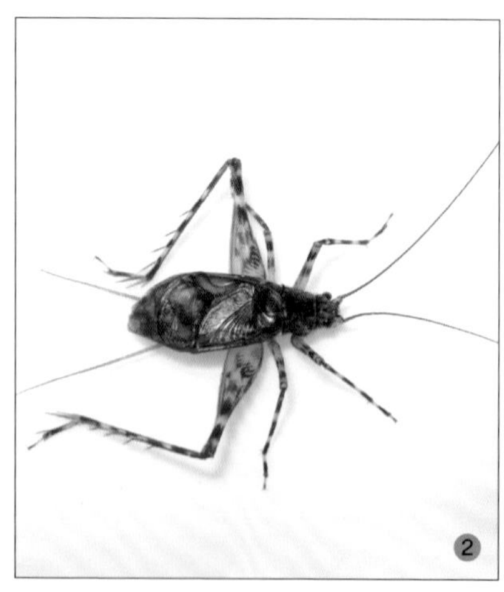

① 雄虫 福建 武夷山 2018 年 8 月
② 雄虫 海南 昌江 2018 年 8 月

体长 20 ~ 23 mm 的中型蟋蟀，外形似额蟋。六足细长具黑白环纹，前翅后半部宽大，尾须细长。若虫多栖息在水边等多湿环境，成虫有时栖息在水边叶片树干上。另有一近似种为悦鸣亮蟋，两者外形不能区分，但后者鸣叫有缓有急，更为好听。分布于福建、广东、海南。

三脉戈蟋 *Gorochovius trinervus*

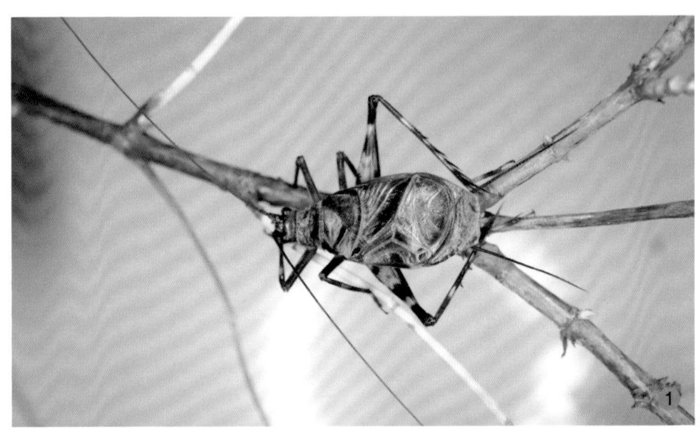

①雄虫 广东 封开 2019 年 4 月 ②雌虫 广西 贵港 2019 年 4 月

体长 20 ~ 22 mm 的中型蟋蟀。外形似亮蟋属，前翅后半部更宽大，翅端部平截。叫声浑厚、悦耳。分布于广西、广东。

钟蟋 *Meloimorpha japonica*

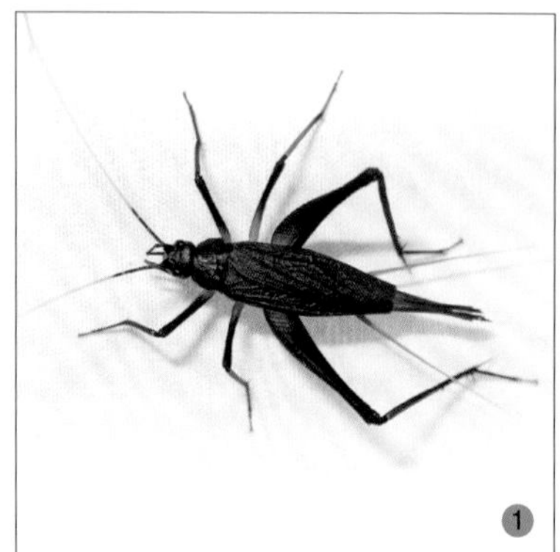

也称马蛉。体长 20 ~ 23 mm 的中型蟋蟀，全身黑色，触角中段白色，尾须白色。前翅特别宽大，六足细长，后翅为长翅型，但不久脱落。广布于我国南方各省。近似种云南钟蟋 *M. japonica yunnanensis* 足更细长，触角白环较窄。

① 雌虫 海南 七仙岭 2009 年 7 月
② 雄虫 浙江 天童山 2009 年 9 月

蛉蟋科 Trigonidiidae

体型小型，针蟋亚科主要生活在地面或近地表上，蛉蟋亚科主要生活在植物上。

① 斑翅灰针蟋 雄虫 广州 白云山 2015 年 11 月　② 虎甲蛉蟋 雌虫 云南 西双版纳 2013 年 8 月

针蟋亚科 Nemobiinae

体型小型，体长 1 cm 以内。一般栖息在草坪或地面上，产卵器长矛状。国内主要包括双针蟋、灰针蟋和异针蟋 3 个属。

① 斑腿双针蟋 雄虫 浙江 天目山 2010 年 9 月 ② 亮褐异针蟋 雄虫 浙江 庆元 2017 年 11 月

斑腿双针蟋 *Dianemobius fascipes*

也称斑蛉。体长 5 ~ 7 mm 的小型蟋蟀。体色以黑灰色为主，前中足股节黑白两色，后足股节黑白相间，故名。叫声为“滋（停顿）滋（停顿）”，在城市环境中多见，北方一年一代，南方一年多代。广布于我国各地。

① 雌虫 海南 尖峰岭 2009 年 7 月

② 雄虫 安徽 合肥 2016 年 11 月

斑翅灰针蟋 *Polionemobius taprobanensis*

① 雄虫 云南 勐仑 2013 年 8 月
② 雌虫 广州 白云山 2015 年 11 月

也称草蛉，体长 5 ~ 7 mm 的小型蟋蟀。体黄褐色，前胸背板两侧黑色，前翅黄色具黑色斑纹。常栖息在城市的草坪上，如狗牙根。北方一年一代，南方一年多代。广布于我国各地。

黄角灰针蟋 *Polionemobius flavoantennalis*

也称寒蛉。体长 5 ~ 6 mm 的小型蟋蟀。触角黑白两段，全身黑色，头部带褐色，足黄褐色，后足股节带黑色斑点。多栖息在竹叶等落叶层下。广布于我国黄河流域以南地区，但数量较少。

① 雌虫 浙江 天童山 2009 年 9 月
② 雄虫 浙江 天童山 2009 年 9 月

异针蟋 *Pteronemobius* spp.

也称沟蛉。体长 5 ~ 10 mm 的小型蟋蟀。体色棕色至黑色均有。雄虫后足胫节一枚内侧背距膨大，在交配时雄虫后足缩起，雌虫会咬伤这枚距，取食组织液。一般栖息在水流或农田边，很多种类以若虫越冬(包括上海分布的亮褐异针蟋、吉林分布的黑异针蟋)，5—6 月即有成虫。广布于我国各地。

① 雄虫 吉林 长白山 2016 年 8 月
② 雄虫 上海 崇东 2020 年 7 月

蛉蟋亚科 Trigonidiinae

体型小型，体长 1 cm 以内，一般栖息在植物叶片或树干上，行动灵活，产卵器弯刀状。

① 黑头墨蛉 雄虫 浙江 天童山 2009 年 10 月 ② 双带金蛉 雄虫 台湾 惠荪 2012 年 10 月

墨蛉 *Homoeoxipha* spp.

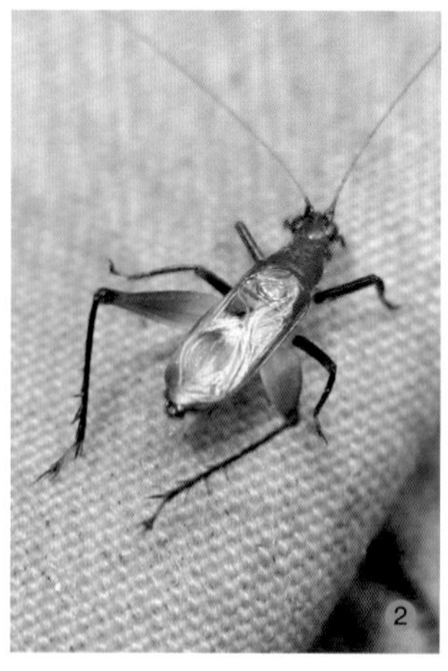

① 雄虫 广州 白云山 2015 年 11 月
② 雄虫 海南 五指山 2009 年 8 月

体长 7 ~ 9 mm 的小型蟋蟀。体色以红黑色为主，头部黑色，前胸背板褐色至红色，六足黑色或黑黄两色。我国分布有 5 种，黑头墨蛉 *H. obliterata* 最为广布，鸣声常不规律。颤须墨蛉 *H. oscillantenna* 的六足较短，触角不停地颤抖。黑足墨蛉 *H. nigripes* 后足股节前后为黑白两色。赤胸墨蛉 *H. lycoides* 仅分布在热带。宽叶墨蛉 *H. eurylobus* 仅分布在墨脱和独龙江。

小黄蛉 *Natula matsuurai*

也称松浦氏小黄蛉蟋。体长 6 ~ 7 mm 的小型蟋蟀。体色黄色，复眼灰色，其他部分均为黄色。长短翅型均有。常聚群生活在水边的植物上。若虫越冬，初春就能听见鸣声，鸣声先缓后急。分布于我国华东、华中地区。

①雌虫 湖北 红安 2017 年 6 月
②雄虫 浙江 天童山 2016 年 9 月

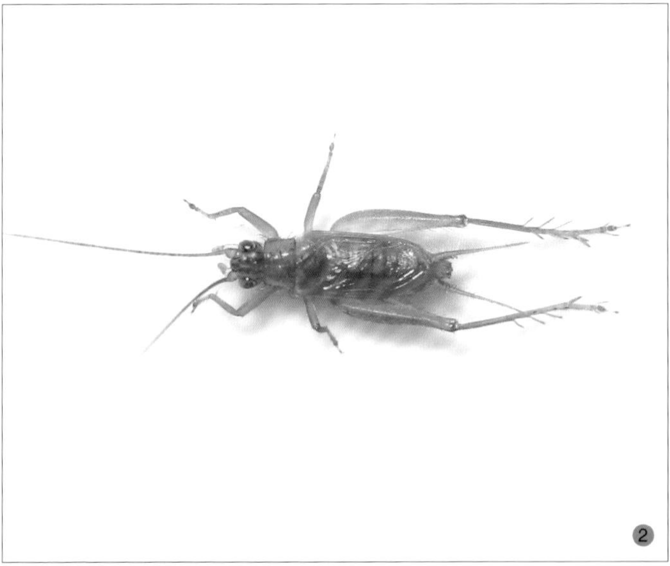

中黄蛉 *Svistella rufonotata*

也称红胸金蛉蟋、小耳金蛉蟋。体长 7 ~ 8 mm 的小型蟋蟀，与小黄蛉外观相似。复眼灰色，头部与前胸背板背面具明显数条褐色条纹，前翅明显宽于前胸背板。鸣声为“一下一下”的金属音。一般 5—7 月成虫。广布于我国长江流域以南地区。

① 雄虫 福建 武夷山 2019 年 5 月
② 雄虫 海南 尖峰岭 2009 年 7 月

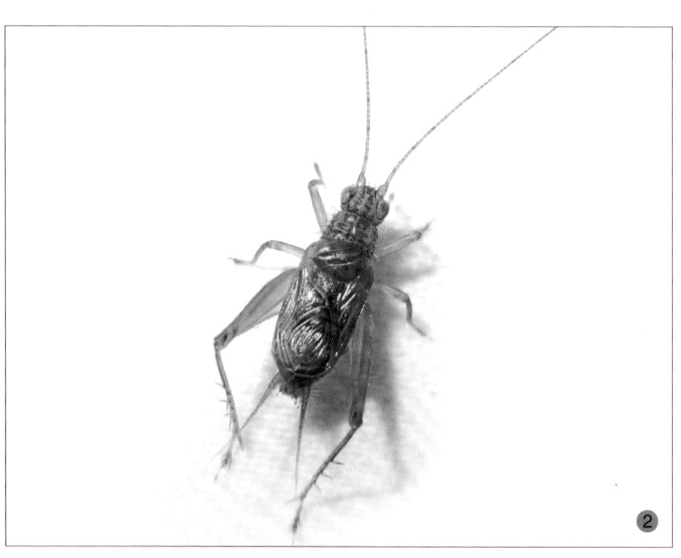

大黄蛉 *Svistella anhuiensis*

①雄虫 花鸟市场购买 2008 年 3 月
②雄虫 福建 武夷山 2018 年 9 月

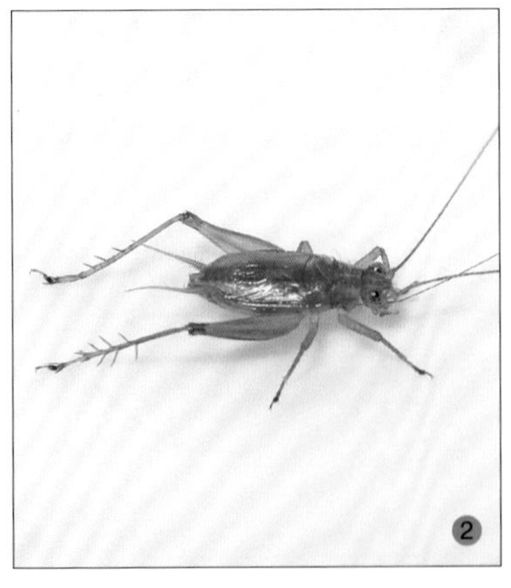

也称安徽金蛉蟋。体长 8～9 mm 的小型蟋蟀。外形类似中黄蛉，但前翅不明显宽于前胸背板，复眼灰色，后足股节近端部内外两侧各有 1 个小黑点（有些个体无）。分布于安徽、江西、浙江等地。花鸟市场的著名鸣虫，叫声悦耳，秋季成虫。人工繁殖的反季节虫在各季节上市。

聋蛉蟋 *Usgmona* spp.

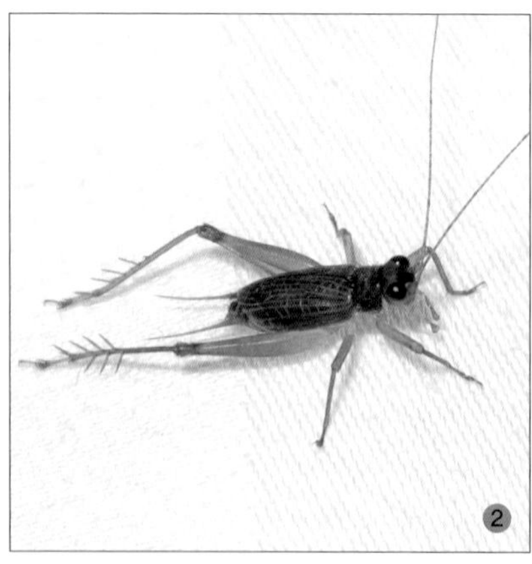

① 雄虫 上海 辰山 2010 年 8 月
② 雄虫 广西 柳州 2015 年 7 月

体长 8 ~ 10 mm 的小型蟋蟀。体色灰色，头部浅色，复眼黑色，前胸背板中间浅黄色，有时为绿色，前翅褐色，翅脉黄色，雄虫无发音器。常在粗大树干上快速活动，夏秋季成虫。城市绿化带常见。广布于我国南方各省。

黄褐突蛉 *Amusurgus fulvus*

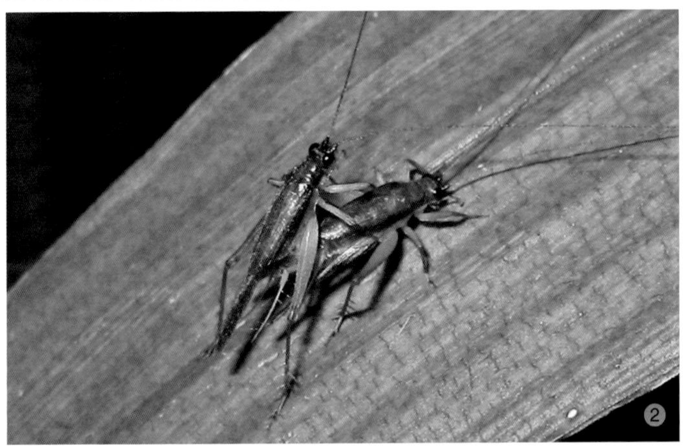

① 雄虫 浙江 杭州 2017 年 9 月 ② 上雌下雄 浙江 天童山 2008 年 8 月

体长 8 ~ 10 mm 的小型蟋蟀。头部黑色，前胸背板带红褐色，前翅黄褐色。雌雄翅脉相似，雄虫不能鸣叫。一般栖息在多湿的林下灌木上。广布于我国南方各省。

花蛉 *Paranaxipha* spp.

体长 8 ~ 10 mm 的小型蟋蟀。前中足股节黑色，胫节白色具小黑点，后足白色，具 1 块明显的黑色斑，雌雄翅脉相似。分布于我国长江流域以南各省，但数量较少。

① 雄虫 浙江 天目山 2010 年 9 月
② 雄虫 海南 黎母山 2018 年 8 月

虎甲蛉蟋 *Trigonidium cicindeloides*

体长 7 ~ 8 mm 的小型蟋蟀。体色黑色，六足股节浅红色，胫节黑色。前翅革质似鞘翅，且强烈隆起，雌雄翅脉相似。广布于我国南方各省。

① 雄虫 台湾 鱼池 2012 年 10 月　② 若虫 海南 尖峰岭 2009 年 7 月

主要参考文献

[1] 康乐，刘春香，刘宪伟. 中国动物志 昆虫纲 第五十七卷 直翅目 螽斯科 露螽亚科[M]. 北京：科学出版社，2014.

[2] 王剑峰. 中国草螽科Conocephalidae系统学研究（直翅目：螽斯总科）[D]. 保定：河北大学，2005.

[3] 武永霞. 中国拟叶螽亚科分类（直翅目：螽斯科）[D]. 保定：河北大学，2019.

[4] 李苗苗. 中国蟋螽亚科分类研究（直翅目，蟋螽科）[D]. 上海：华东师范大学，2015.

[5] 王瀚强. 中国蛩螽亚科系统分类研究（直翅目，螽斯科）[D]. 上海：华东师范大学，2015.

[6] 秦艳艳. 基于形态学特征和分子标记的中国驼螽科分类研究（直翅目）[D]. 上海：华东师范大学，2020.

[7] 何祝清. 中国针蟋亚科和蛉蟋亚科系统分类研究（直翅目，蟋蟀科）[D]. 上海：华东师范大学，2010.

[8] 马丽滨. 中国蟋蟀科系统学研究（直翅目：蟋蟀总科）[D]. 杨凌：西北农林科技大学，2011.

[9] 刘浩宇. 中国蟋蟀科系统学初步研究（直翅目：蟋蟀总科）[D]. 保定：河北大学，2007.

[10] 殷海生，刘宪伟. 中国蟋蟀总科和蝼蛄总科分类概要[M]. 上海：上海科学技术出版社，1995.

[11] HE ZHU-QING. A checklist of Chinese crickets (Orthoptera: Gryllidea)[J]. *Zootaxa*, 2018, 4369(4): 515-535.

[12] 村井貴史，伊藤ふくお. バッタ・コオロギ・キリギリス生態図鑑[M]. 札幌：北海道大学出版会，2011.

图鉴系列

中国昆虫生态大图鉴（第 2 版） 张巍巍 李元胜
中国鸟类生态大图鉴 郭冬生 张正旺
中国蜘蛛生态大图鉴 张志升 王露雨
中国蜻蜓大图鉴 张浩淼
青藏高原野花大图鉴 牛 洋 王 辰 彭建生
中国蝴蝶生活史图鉴 朱建青 谷 宇 陈志兵 陈嘉霖
常见园林植物识别图鉴（第 2 版） 吴棣飞 尤志勉
药用植物生态图鉴 赵素云
凝固的时空——琥珀中的昆虫及其他无脊椎动物 张巍巍

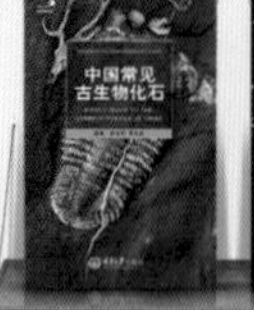

野外识别手册系列

常见昆虫野外识别手册 张巍巍
常见鸟类野外识别手册（第 2 版） 郭冬生
常见植物野外识别手册 刘全儒 王 辰
常见蝴蝶野外识别手册 黄 灏 张巍巍
常见蘑菇野外识别手册 肖 波 范宇光
常见蜘蛛野外识别手册（第 2 版） 王露雨 张志升
常见南方野花识别手册 江 珊
常见天牛野外识别手册 林美英
常见蜗牛野外识别手册 吴 岷
常见海滨动物野外识别手册 刘文亮 严 莹
常见爬行动物野外识别手册 齐 硕
常见蜻蜓野外识别手册 张浩淼
常见螽斯蟋蟀野外识别手册 何祝清
常见两栖动物野外识别手册 史静耸
常见椿象野外识别手册 王建赟 陈 卓
常见海贝野外识别手册 陈志云
常见螳螂野外识别手册 吴 超

中国植物园图鉴系列

华南植物园导赏图鉴 徐晔春 龚 理 杨凤玺

自然观察手册系列

云与大气现象 张 超 王燕平 王 辰
天体与天象 朱 江
中国常见古生物化石 唐永刚 邢立达
矿物与宝石 朱 江
岩石与地貌 朱 江

好奇心单本

昆虫之美：精灵物语（第 4 版） 李元胜
昆虫之美：雨林秘境（第 2 版） 李元胜
昆虫之美：勐海寻虫记 李元胜
昆虫家谱 张巍巍
与万物同行 李元胜
旷野的诗意：李元胜博物旅行笔记 李元胜
夜色中的精灵 钟 茗 奚劲梅
蜜蜂邮花 王荫长 张巍巍 缪晓青
嘎嘎老师的昆虫观察记 林义祥（嘎嘎）
尊贵的雪花 王燕平 张 超

野外识别手册丛书

好 奇 心 书 系

YEWAI SHIBIE SHOUCE CONGSHU

百名生物学家以十余年之功，倾力打造出的野外观察实战工具书，帮助你简明、高效地识别大自然中的各类常见物种。问世以来在各种平台霸榜，已成为自然爱好者所依赖的经典系列口袋书。

好奇心书书系 · 野外识别手册丛书

- 常见昆虫野外识别手册
- 常见鸟类野外识别手册（第2版）
- 常见植物野外识别手册
- 常见蝴蝶野外识别手册（第2版）
- 常见蘑菇野外识别手册
- 常见蜘蛛野外识别手册（第2版）
- 常见南方野花识别手册
- 常见天牛野外识别手册
- 常见蜗牛野外识别手册
- 常见海滨动物野外识别手册
- 常见爬行动物野外识别手册
- 常见蜻蜓野外识别手册
- 常见螽斯蟋蟀野外识别手册
- 常见两栖动物野外识别手册
- 常见椿象野外识别手册
- 常见海贝野外识别手册
- 常见螳螂野外识别手册